Generation, Transmission and Distribution of Electricity

만화로 쉽게 배우는 발전 · 송배전

저자 / 후지타 고로

만화로 쉽게 배우는 **발전·송배전**

Original Japanese edition
Manga de Wakaru Hatsuden, Souhaiden
By Gorou Fujita, Takashi Tonagi and Office sawa
Copyright ⓒ 2013 by Gorou Fujita, Takashi Tonagi and Office sawa
Published by Ohmsha, Ltd.
This Korean Language edition co-published by Ohmsha, Ltd. and
Sung An Dang, Inc.
Copyright ⓒ 2014~2026
All right reserved.

머리말

우리 주변에는 전기를 이용하는 기기가 넘쳐나고 있다. 이것은 발전·송배전 시스템이 점점 발달하고 있다는 사실을 증명해주고 있다. 이 책에서는 스토리가 담긴 만화를 통해 발전·송배전에 대해 쉽게 설명해주고 있다.

발전·송배전의 시스템을 이해하기 위해서는 먼저 에너지와 전력의 관계에 대한 이해가 필요하며 이것을 제1장에서 설명하였다. 그리고 각 장을 통해 전력을 만들어내는 '발전'과 전력을 수송하는 '송전', 그리고 전력을 수요가까지 공급하는 '배전'에 대한 설명을 하였다.

'발전'에 다양한 방식이 이용된다는 것과 '송전'에서 사고대책으로서 다양한 방책을 도모해야 한다는 점, 그리고 주변에서 쉽게 볼 수 있는 '배전'에도 많은 기술이 결집되어 있다는 사실 등을 이 책을 통해 이해할 수 있기를 간절히 바란다. 마지막 제5장에서는 이 전력을 어떻게 공급할 것인가를 설명하면서 최근 도입되고 있는 분산형 전원 등에 대해서도 정리하였다.

이 분야의 지식은 전력사업이나 전기설비업자들을 비롯한 전자전기공학을 배우는 학생과 전기관련 자격의 취득을 목표로 하는 분들에게도 해당된다. 직장인 중에는 자기의 전공과는 달리 입사 후 방향을 바꿔 전력과 관련된 일에 종사하고 있는 경우도 있다. 이 책에서는 이런 폭넓은 독자층을 고려하여 그림과 표를 사용하여 내용을 쉽게 구성하였다.

이 책을 만드는 데 그림을 담당하신 토나기 타카시씨가 생동감 넘치는 그림을 그려 주셨다. 제작 담당인 오피스 sawa의 사와다 사와코씨는 원고의 스토리를 비롯한 공학기술을 얼마만큼 쉽게 〈표현할 것인가〉라는 점에 전력을 다해 주셨다.

또 나의 부족한 공부로 인한 어색한 부분들은 일본전기기술자협회 이사인 이이다 요시카즈선생님(관동전기보안협회 이바라키 사업본부장)의 감역으로 보충될 수 있었다.

집필의 기회를 준 옴사의 관계자분과 이렇게 많은 분들의 협력을 얻어 이 책을 출간할 수 있다는 것에 감사의 말씀을 드린다.

후지타 고로

차례

프롤로그　나와 전선과 지구 밖의 생명체!?　　1

제1장 에너지와 전력　　13

- **1. 에너지** ··············14
  - 에너지란? ··············14
  - 에너지 소비량 ··············18
  - 그래프로 보는 에너지 소비량 ··············21
  - 에너지 자원 ··············24
  - 에너지절약 ··············28

- **2. 전력품질** ··············30
  - 주파수 변동의 문제 ··············31
  - 전력품질의 사고방식 ··············34

- **3. 전력 네트워크** ··············35
  - 전력융통 ··············35
  - 단상 교류와 3상 교류 ··············38
  - 전력 시스템 ··············40

플로 업(계통운용, 수급계획) ··············44

제2장 발전

1. 발전의 기본 ···································· 46
- 터빈과 발전기 ································ 46
- 3상 교류발전기 ······························ 50

2. 수력발전 ·· 52
- 수력발전이란? ································ 53
- 역할에 따른 발전방식 ······················ 55
- 수력발전의 발전방식 ························ 56
- 수력발전의 발전출력 ························ 58
- 수차의 종류, 건설방법 ······················ 60
  - CHECK! 소수력발전, 파력발전, 해양온도차발전 ··· 63

3. 화력발전 ·· 64
- 화력발전이란? ································ 65
- 화력발전의 종류와 특징 ··················· 67
  - CHECK! 디젤엔진·가스엔진, 코제너레이션, 마이크로 가스터빈, 연료전지 ··· 71
- 화력발전의 역할 ······························ 73
  - CHECK! 폐기물발전, 바이오매스발전, 지열발전 ··· 76

4. 원자력발전 ···································· 78
- 원자력발전이란? ····························· 79
- 핵분열의 구조 ································ 81
- 원자로란 무엇인가? ························· 84
- 연료봉, 제어봉 ································ 85
- 감속재, 냉각재 ································ 87

플로 업(발전의 역할) ······························· 91

제3장 송 전

1. 송·변전 방식 · 94
- 송전과 변전 · 94
- 왜 높은 전압으로 보낼까? · 97
- 가공송전 · 98
- 지중송전 · 101

2. 송전설비의 사고대책 · 104
- 송전설비의 뇌해대책 · 105
- 송전설비의 착설대책 · 108
- 송전설비의 염해대책 · 110
- 송전설비의 사고대책 정리 · · · · · · · · · · · · · · · · · 112
- 송전선의 처짐과 하중 · 113
- 참새는 왜 감전되지 않을까? · · · · · · · · · · · · · · · · 116

3. 변전소의 구성 · 118
- 변전소에 있는 기기·설비 · · · · · · · · · · · · · · · · · · 118
- 변전소의 종류 · 120

플로 업(직류송전) · 124
　　　(님비문제) · 126
　　　(이도의 계산에 대해) · 127

제4장 배전 129

1. 배전방식 130
    - 배전과 변압기 132
    - 일반가정의 배전방식 135
    - 접지공사의 종류 139
    - 배전방식의 종류 140
    - 공장이나 건물의 배전방식 142
    - 전압의 크기에 따른 분류 145
    - 저압배전, 고압배전, 특고압배전 147

2. 가정 내 전기의 흐름 150
    - 옥내배선 150
    - 전력량계 152
    - 분선반 153

3. 콘센트 158
    - 110V, 220V의 콘센트 159
    - 세계의 콘센트 163

플로 업(전력량계) 168
    (전자식 전력량계, 스마트 미터) 170

차례 vii

제5장 앞으로의 전력공급   171

1. 분산형 전원이란? · 172
- 집중형 전원과 분산형 전원 · · · · · · · · · · · · · · · 174
- 분산형 전원의 특징, 전력의 자유화 · · · · · · · · · 177
- 풍력발전 · 179
- 풍차의 종류 · 182
- 태양광발전 · 183
- 전력저장설비 · 189
  - CHECK! 다양한 전력저장설비 · · · · · · · · · · · · · 191

2. 마이크로 그리드·스마트 그리드 · · · · · · · · · · · 194
- 마이크로 그리드·스마트 그리드란? · · · · · · · · 195

플로 업(단독운전) · 198

에필로그   199

- **부록** 전기의 기본 · 210
- **참고문헌** · 215
- **찾아보기** · 217

프롤로그
나와 전선과 지구 밖의 생명체!?

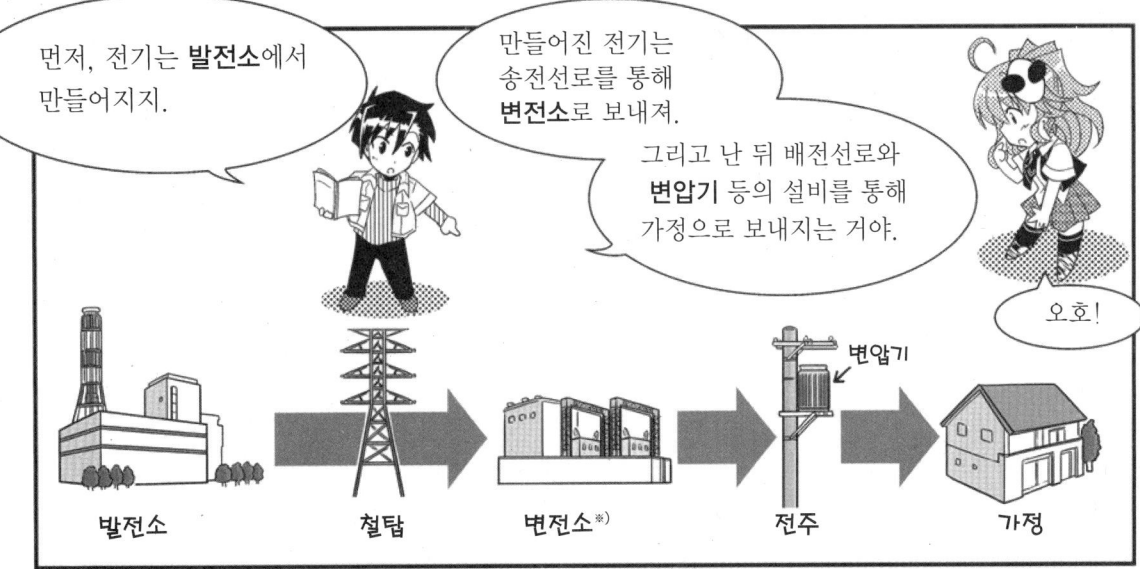

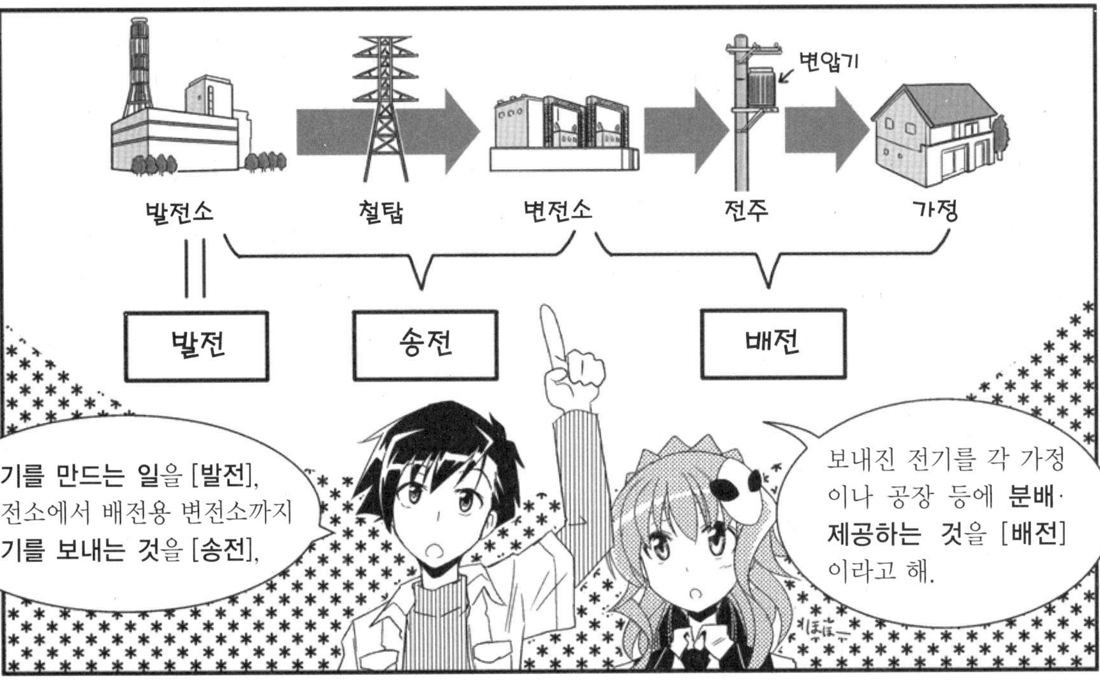

제 1장
에너지와 전력

1. 에너지

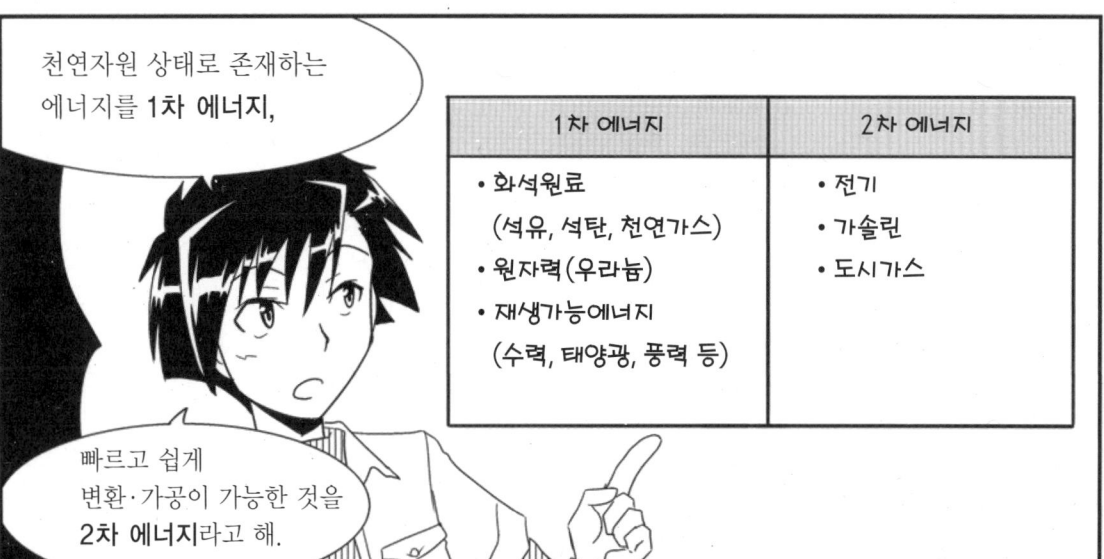

제1장 에너지와 전력

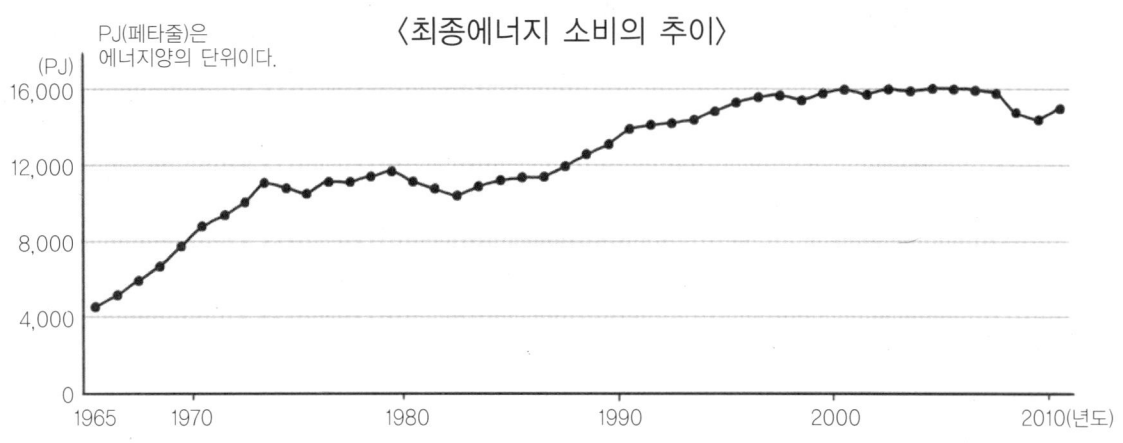

〈최종에너지 소비의 추이〉

최종에너지 소비란, **수요자**(전기의 공급을 받는 측)가 소비하는 에너지의 총량을 말한다. 공장, 사무실, 교통기관, 일반가정 등에서 에너지를 소비하고 있다.

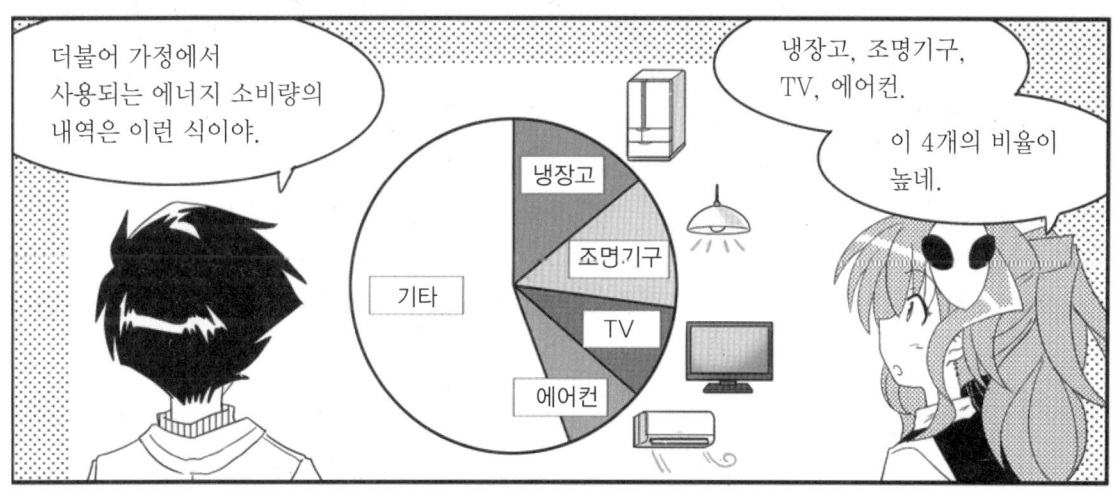

⚡ 그래프로 보는 에너지 소비량

그렇다면 소비전력에 대해 그래프로 상세하게 알아보자.
소비전력은 계절이나 날에 따라 크게 달라져.

훗. 흔히 더운 계절에는 냉방장치를 펑펑 사용해서 전력을 소비한다는 거지?
단순한 지구인들.

윽…! 아니, 뭐 맞기는 한데 일단 아래의 그래프를 보자. 이렇게 **하루의 전력 수요(부하)의 변화**를 나타낸 것을 [**일부하곡선**]이라고 해.

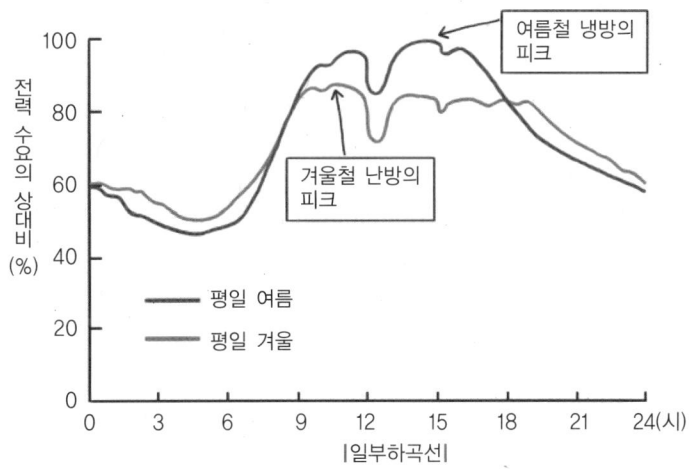

|일부하곡선|

오~ 이것 봐. 어떤 계절의 몇 시쯤 수요가 집중되어 있는지 대략적으로 알 수 있네. 여름철 전력피크의 주요 원인은 냉방이고 겨울철에는 난방이 전력피크의 주요 원인인 것 같아.

 이런 그래프도 있어. 이것은 **연도별, 각 달의 최대소비전력의 추이** 그래프야. 1월부터 12월까지 계절에 따른 차이가 있다는 것을 보았으면 해.

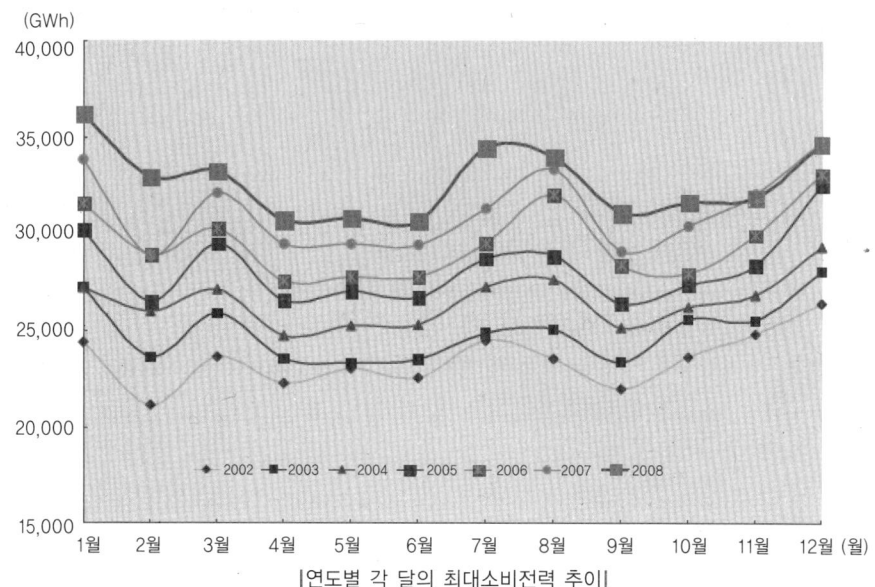

|연도별 각 달의 최대소비전력 추이|

 음~ 2002년이나 2008년도를 보아도 최대전력이 발생하는 달은 크게 변화하지 않은 것 같아.

 응. 여름철에는 에어컨의 보급이나 데이터 센터 컴퓨터의 공조시설의 수요가 증가한 것이고 겨울철은 난방이 주 요인이기 때문일거야.

 그렇구나. 인간만이 아니라 컴퓨터에도 냉방이 필요하구나.
음… 그렇다고 해도 어차피 여름이나 겨울에 전력이 필요하다는 걸 알고 있다면 계획적으로 전력을 준비해두면 좋을 텐데….

 기본적으로 **전기는 저장해두는 것이 불가능한 에너지야.**
적은 양이라면 충전이라도 가능할 텐데 사회 전체가 사용하는 대량의 전력을 저장해두는 것은 현 시점에서는 불가능하다고 볼 수 있어.

모두가 사용하는 전력량을 매일 예측해서 매일매일 전기를 만들어야만 해 (P.44 플로 업에 대한 해설).

 그렇다면 **전력량의 예측**에 최선을 다해야 한다는 건가?

 그렇지.
단, 최근에는 연, 월의 기온 등 각종 조건에 의한 **변동**이 커.
과거의 데이터가 있어도 그 해의 전력수요를 예측하는 것은 굉장히 어려워.

아래의 그래프를 보자.
이것은 2009년 최대전력이 발생한 날 하루 동안의 일부하곡선이야. 악몽같은 그날을 잊지 못해. 전국에 비상이 걸렸지. 2008년까지는 여름철에 최대전력이 걸렸지만 2009년도 부터는 겨울철이 피크가 되었어. 주 원인은 히터야.

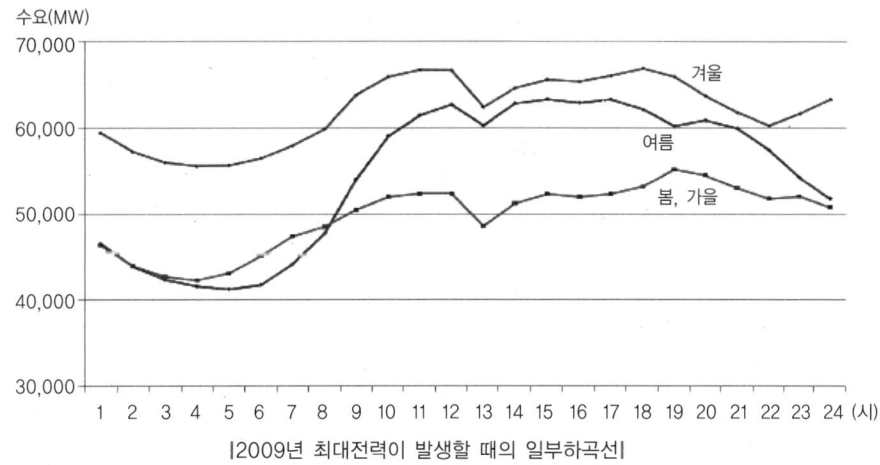

|2009년 최대전력이 발생할 때의 일부하곡선|

 오오, 정말이네!
시원한 여름도 있고 무더운 여름도 있는 것처럼 날씨가 변덕스럽기 때문이구나.
좋아! 이렇게 된 상황에 해야 할 것이라면 단 한 가지! 예지능력을 키우는 거야!

 그건 불가능해! 모두가 절전하는 쪽이 현실적이지!!

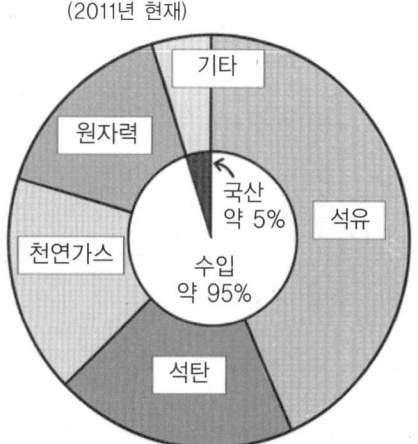

⚡ 에너지 절약

 그럼 이쯤에서 에너지절약 ··· 이른바 **소에너지**에 대해 생각해보자.
친숙한 단어가 되었지만 본래 [소에너지]라는 것은 '에너지를 효율성 있게 이용함으로써 지금까지보다 적은 에너지로 지금까지와 같은 사회적·경제적 효과를 얻는 것' 이야.

 와우~ 욕심 가득한 바람이잖아.
그런데 앞에서 본 에너지 자원 문제를 생각하면 절실하다는 사실도 맞네.
미래에는 소에너지가 필수항목이 되겠어.

 응. 갑작스럽긴 한데, **구체적인 소에너지에 대한 대책**으로 아래의 세가지를 들 수 있어.

---
① 코제너레이션 시스템[※] 등의 효율 좋은 발전설비를 도입한다.
② 전력저장설비[※]를 도입하고, 화석연료를 대신하는 새로운 에너지원을 개발한다.
③ 절전에 적극적으로 임한다.
※ 코제너레이션은 p.71, 전력저장설비는 p.189에서 설명한다.

 ①과 ②는, 혼자 바로 시작하긴 어려운 것 같은데····.
이 방에서 오늘 실천할 수 있는 건 ③ 절전에 적극적으로 임한다잖아?
뭔가 특별하지 않아. 흥!

 어이, 화내지마! 확실히 평범하긴 하지만 축적된다면 에너지 절약이 되는 거야. 다음 표를 보자.

사용기관		대책
에어컨		• 여름에는 28℃, 겨울에는 20℃로 설정한다.
조명기구		• 점등시간을 짧게 한다. • 백열등을 형광등, 나아가 LED등으로 교체한다.
냉장고		• 문을 여는 시간을 짧게 한다. • 음식물을 가득 채워두지 않는다. • 뜨거운 음식을 넣지 않는다.
세탁기		• 모아서 세탁한다.

|가정에서 실천할 수 있는 에너지 절약대책|

호오~ 별 거 아닌 것들이지만 다양한 대책이 있구나!

일반가정에서의 소에너지는 '대기전력'의 문제도 생각해 두어야 해.
TV나 오디오 같은 것은 대부분 사용하지 않을 때에도 콘센트에 꽂혀있는 경우가 많아. 그러면 바로 사용하기에는 편리하지만 제품을 사용하지 않을 때에도 계속해서 조금씩 전기가 흐르고 있지.

응응.
편리하지만 쓸데없는 전력이 낭비되는구나.

그래, 맞아. 대기전력으로 일반가정 전소비전력량의 10% 정도가 낭비되고 있다는 얘기도 있어.
이렇게 우리도 모르는 사이에 전력을 낭비해버리고 있어. 한 사람 한 사람이 자신이 가능한 범위에서 에너지를 절약하기 위해 노력하는 것이 중요해.

알겠어. 먼저 이 방의 대기전력을 없애자.
빨리 이 콘센트를 빼야겠어.

미나…. 냉장고 콘센트는 제발 빼지마…!

2. 전력품질

CHECK!

전기의 기본을 부록 P.210에 정리해 두었습니다.
전기의 용어도 다양하게 등장하니까
참고해 주세요.

⚡ 주파수 변동의 문제

⚡ 전력품질의 사고방식

우와~ 다양한 종류가 있네!

마지막으로 **전력품질의 사고방식**을 소개할게.

이렇게 기준과 규격이 정해져 있어.

전력품질의 관리목표값 등

품목	내용
주파수	표준주파수(60Hz)를 유지하여야 한다. 허용오차는 60±0.2Hz
공급전압	220V 계통에서는 220V±13V 380V 계통에서는 380±38V를 유지한다.
전압 플리커	순간적인 전압변동의 결과로 발생하는 '조명의 깜빡이는 정도'를 수치화 한 지표로서 ΔV_{10}이 사용된다. 0.45V(V는 공급전압) 이내인 것이 요구된다.
고주파	파형의 '일그러짐'을 제거해 정규화하여 평가한다.
정전시간	사고, 고장으로 인한 정전과 계획정전이 있다. 우리나라는 1년에 약 14.3분으로 세계최고의 레벨이다.

3. 전력 네트워크

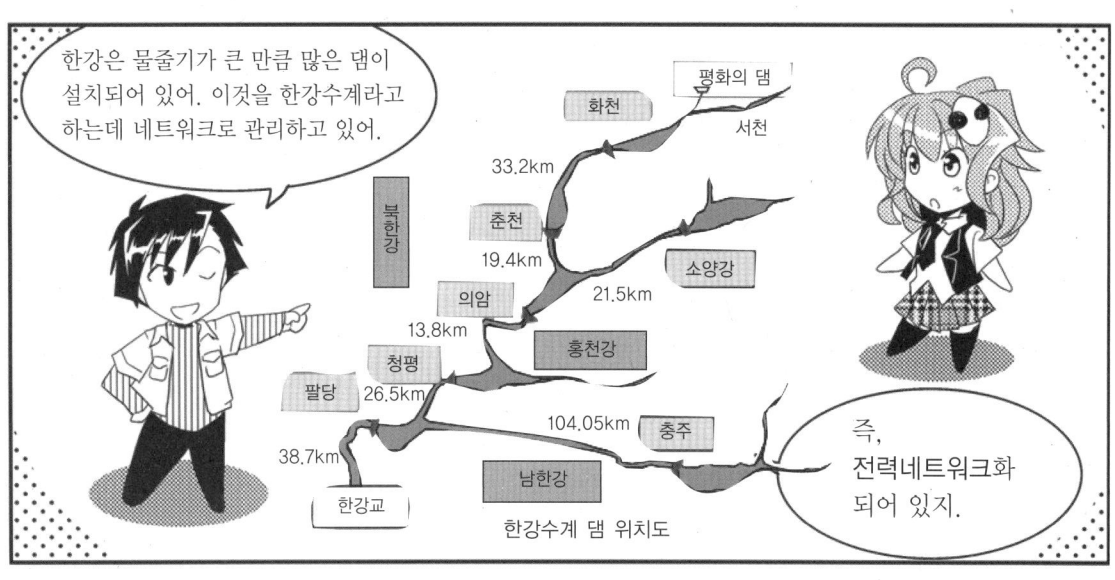

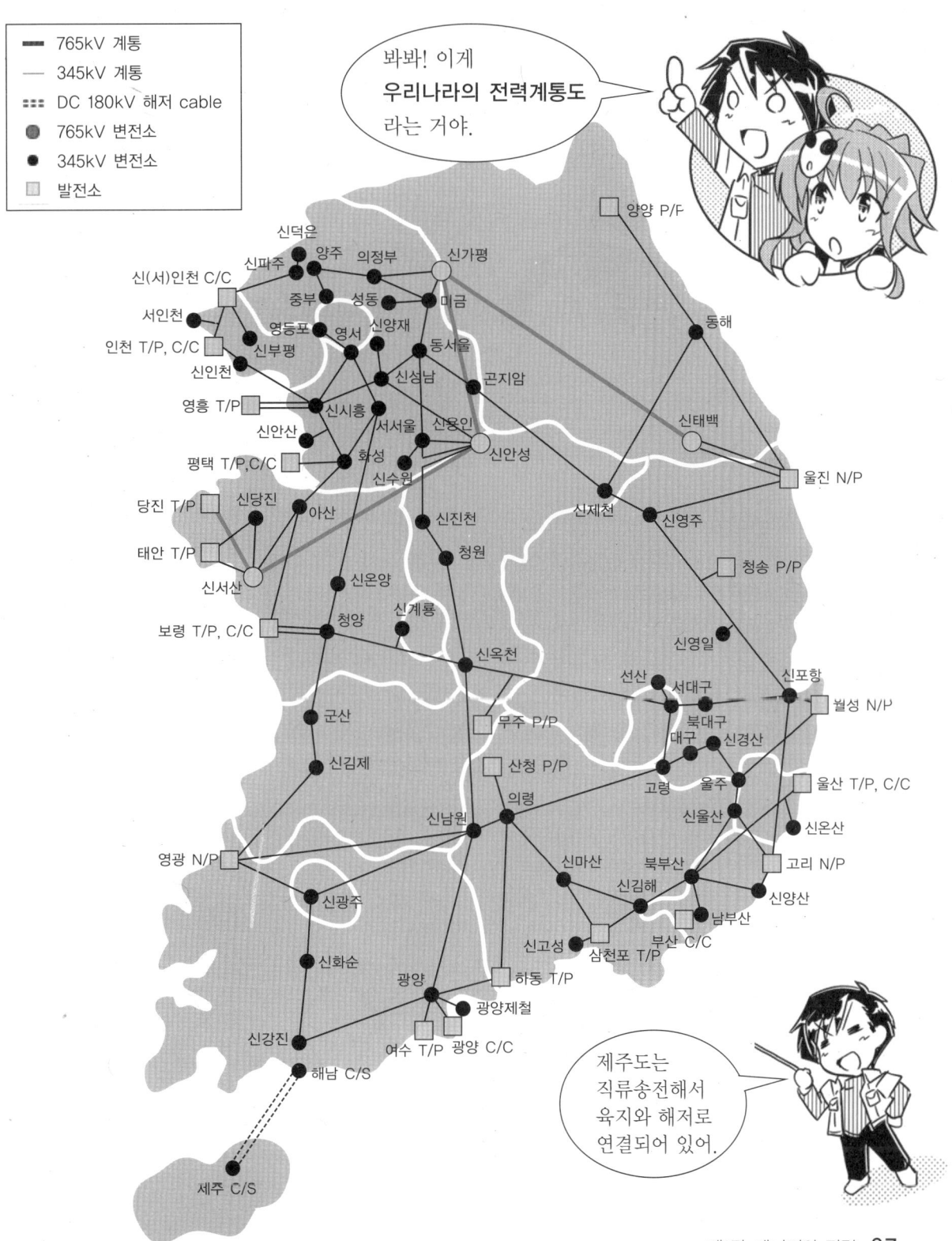

⚡ 단상 교류와 3상 교류

그럼 화제를 전환해서
교류에 대해 좀 더 자세히 설명할게.

교류라면 벌써 완벽하게 이해하고 있다고!
가정의 **콘센트** 전기는 '교류'로 이런 파형이지?

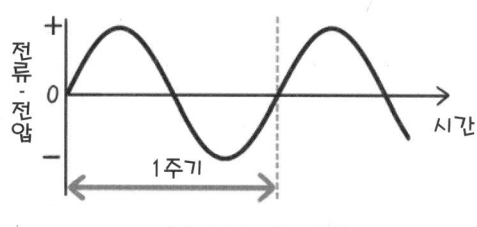

|단상 교류의 파형|

응. 근데 교류는 그것 뿐만이 아니야.
지금 미나가 말한 것은 [**단상 교류**]라고 하는 거야.
이것 외에 단상 교류를 3개로 합친 [**3상 교류**]라고 하는 것이 있어.

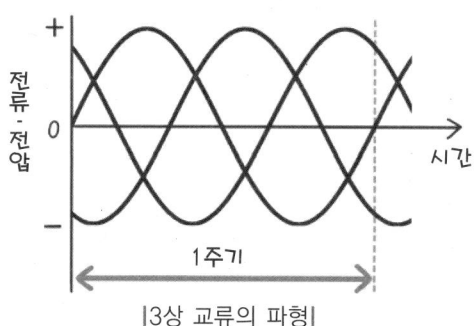

|3상 교류의 파형|

뭐야, 이건!
헷갈리잖아. 3개의 파형이 있어? 3배라는 건가!?

사실 대부분의 발전소에서는 3상 동기발전기로 3상 교류를 만들고 있어.

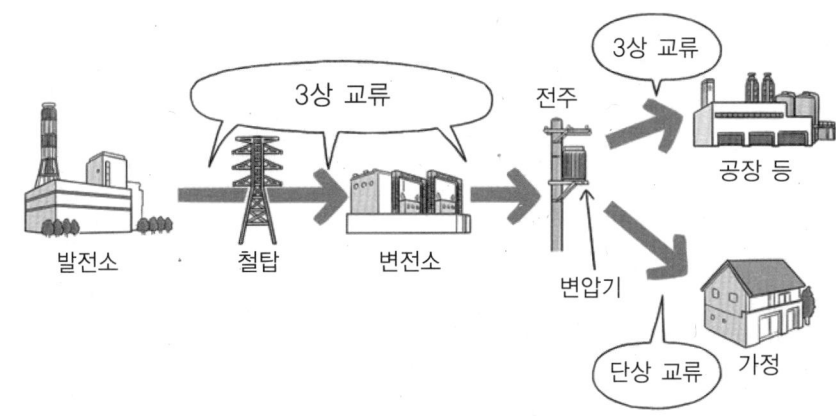

위에 그림과 같이 발전기나 송전선의 대부분에 **3상 교류**가 이용되고,
큰 공장 등에서도 그대로 3상 교류를 사용하고 있어.
가정용 전력만큼은 전주의 변압기에서 **단상 교류**를 사용하고 있지.

그렇구나…. 그럼 아까 전국 전력네트워크도 3상 교류로 구성되어 있다는 건가?

바로 그거야! 더불어서 송전에 **3상 교류를 사용하는 이점**은 다음과 같아.

- 같은 전력을 보낼 때, 단상 교류보다도 **전선의 수가 적다**.
- 공장에서 사용되고 있는 **모터를 움직이기** 위해서는 3상 교류가 적절하다.

으음~ 그런데 3상이랑 단상의 [O상]이라고 하는 것은 **파형의 수**를 표현하는 거네. 1이면 단상, 3이면 3상인 것처럼. 맞지!

아, 응….

제1장 에너지와 전력   **39**

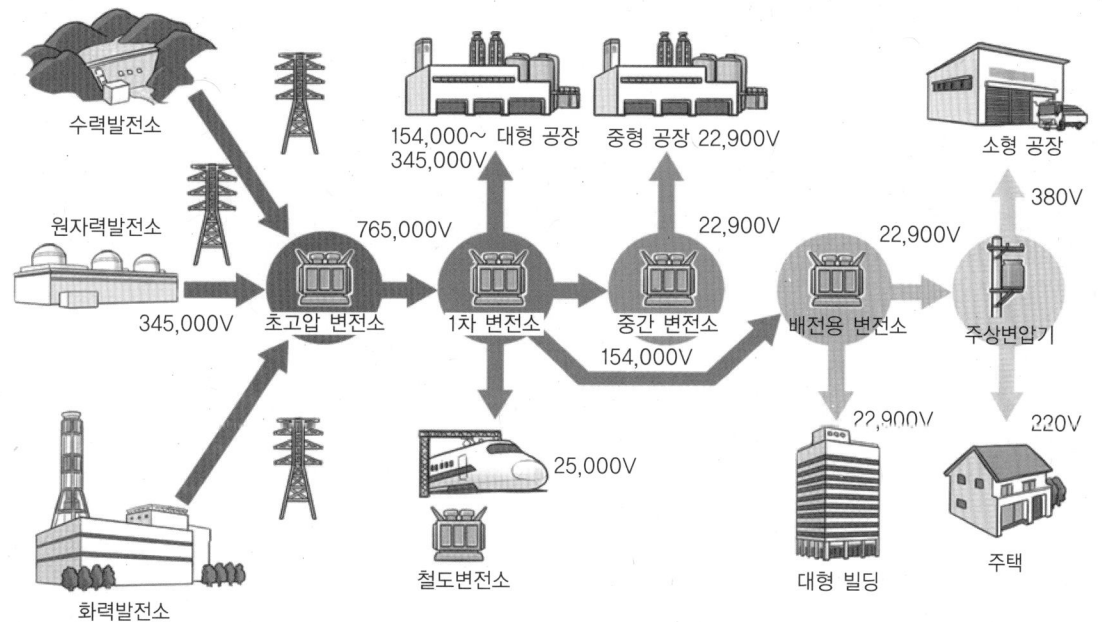

플로 업

◆ 계통운용

발전소나 변전소 등의 설비는 단독으로 운용되지 않고 전체적인 경영으로 효과적인 전력공급이 이루어지도록 운용되고 있다. 이것을 [계통운용]이라고 한다.

우리나라에는 전력회사별로 이 구성이 정해져 있어, 본점에 있는 **중앙급전지령소**를 중심으로 **계통급전소·지방급전소·제어소** 등의 업무관계에 따라 단계적으로 업무가 분담되어 있다. 각 관계의 명칭이나 역할은 각 전력회사에 따라 조금씩 다르지만 대표적인 역할을 정리한다면 아래와 같다.

> **중앙급전지령소** : 수급계획과 운용, 주요 계통의 조작지령, 계통 전체의 운용 총괄
> **계통급전소** : 기본 계통의 조작지령, 주요 수력발전소의 수요 운용
> **지방급전소** : 지방 계통의 조작지령, 지방 수력발전소의 수요 운용
> **제어소** : 발전소, 변전소, 개폐소의 감시와 조작

이 중에서도 **중앙급전지령소**는 전력회사의 중추라고 할 수 있는 기관이다. 공급구역의 **전력수요**를 예측함과 동시에 설비의 수리계획도 포함해 운용방침을 책정한다.

또한 실제 운용에 있어서 전력수요는 시시각각 변화하기 때문에 발전기의 출력조정지령이나 송전선의 조류제어(전력의 흐름을 제어하는 것)가 필요하게 된다.

이것들을 24시간 낮과 밤을 불문하고 통괄적으로 실시하고 있는 것이 중앙급전지령소이다.

◆ 수급계획

전력공급은 더욱 장기적 관점으로 계획하는 것이 중요하다. 발전소를 시작으로 전력설비의 형성에는 수년부터 10년 단위의 긴 시간을 필요로 한다. 그 사이에는 인구나 경기, 화석연료가격 등도 영향을 미친다. 이것에 입각하여 공급계획을 책정할 필요가 있다.

그 중에도 특히 **수요**가 얼마만큼 변동되는가, 그에 비해 **공급**을 얼마만큼 준비할 것인가가 키포인트이며 이것을 [수급계획]이라고 부른다.

또, 수급계획에는 보다 짧은 기간도 포함되어 있으며 다음 날의 운전계획도 포함된다.

이때는 다음 날의 기상현상과 비슷한 과거의 데이터를 주로 참조하여 계획을 책정하고 있다.

제2장
발전

1. 발전의 기본

⚡ 터빈과 발전기

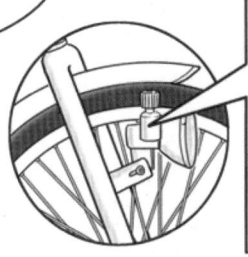
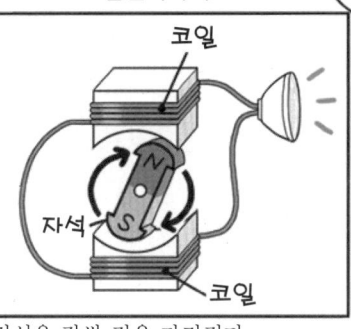

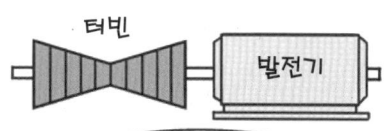

⚡ 3상 교류발전기

 그럼 여기서 잠깐. '발전기의 내부'에 대해 자세히 설명할게.

 응? 발전기의 내부라면 방금 전 자전거 라이트 편에서 봤던 거?
코일이 윗부분과 아랫부분에 한 쌍으로 있고, 가운데에는 **자석**이 회전하고 있었지?

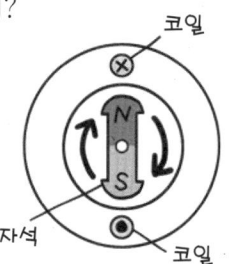
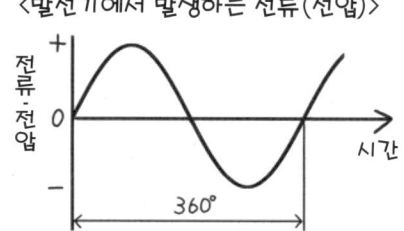

|단상 교류발전기의 구조|

 응. 자전거 라이트의 '**단상 교류발전기**'의 구조는 위 그림을 참고해.
단, 발전소에서 사용하는 발전기는 아래 그림과 같이 더 복잡해.

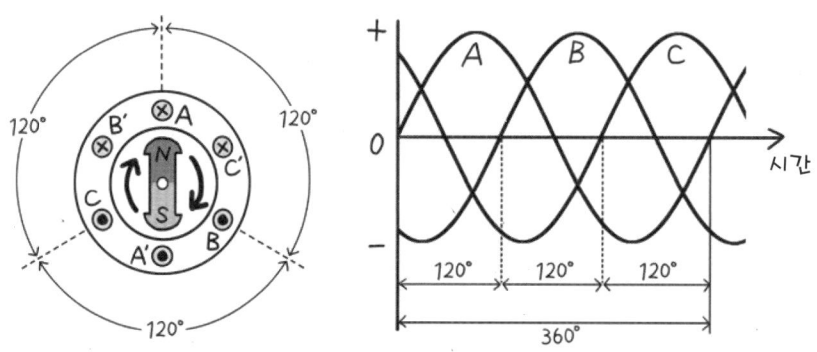

|3상 교류발전기의 구조|

오호라!? 왠지 코일이 더 많은 것 같은데.
'A와 A', 'B와 B', 'C와 C' 이렇게 6개의 3쌍으로 되어 있구나!

맞아. 이 3쌍의 코일이 각각 교류전압(전류)을 만들어내고 있어.
이런 발전기는 '**3상 교류발전기**'라고 해.
그림처럼 120° 상차각으로 3개의 교류전압이 발생하고 있어.
세 구조의 코일이 배치되어 있기 때문에 보다 높은 효율로 전기가 발생하는 거지.

3상 교류는 앞에서도 배웠지(p.38 참조).
그렇구나. 이렇게 3개의 전기자에서 3개의 파형이 생겨나는 거구나.

그리고 전력회사의 발전소에서는 통상 **동기발전기**라고 하는 것을 사용하고 있어. 동기발전기는 회전속도에 따라 일정한 주파수의 3상 교류를 만들어 낼 수 있어. 발전소에서 사용하고 있는 발전기는 [**3상 동기발전기**]라고 기억해두면 좋아.

3상과 동기….
이게 발전소 발전기의 특성이구나! 이해했어.
그런데 발전소는 아직 미지의 세계야. 빨리 가르쳐줘.

그래, 그래. 본격적인 발전공부를 해볼까!

MEMO 동기란?
동기라는 단어에는 '작동을 일치시킨다.', '같다.'라고 하는 의미가 있다.
조금 어렵지만 이번 전기에 관해 [**동기**]는
• 계통과 발전기 및 계통간 연계하여 전압, 주파수, 위상, 파형이 모두 같다.
라는 의미가 된다.

※전 페이지 그림에 ⊙, ⊗는 전류의 방향을 표시하고 있다.
⊙는 '안쪽에서 손의 방향으로', ⊗는 '손의 앞쪽에서 안쪽으로' 향하는 것이 된다.

제2장 발전 **51**

2. 수력발전

※ 위치에너지는, 고저차에 의해 생기는 에너지이다.

〈수력발전의 발전방식〉

① 유입식

하천을 흐르고 있는 물을 저장하지 않고 그대로 발전에 이용한다.
출력이 적은 발전이지만, 항상 일정한 전력을 발전할 수 있다는 것이 특징이다.

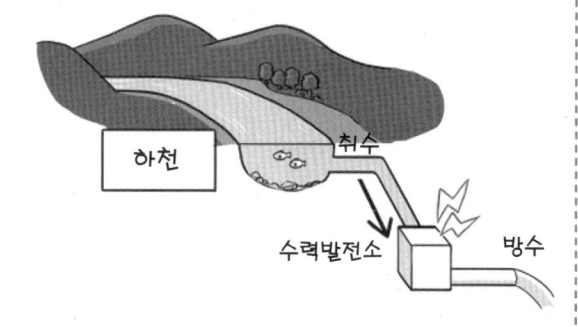

 '① 유입식'은 하천의 물을 그대로 이용하고 있으며 비교적 건설비용을 절약할 수 있다는 장점이 있습니다.

② 조정지식

규모가 작은 댐에 사용한다.
야간이나 주말 등 전력소비가 적을 때 하천의 물을 발전하지 않고 작은 댐에 물을 모아, 전력 사용량이 많을 때 전력소비량과 합쳐 수량을 조절하면서 발전한다.
1일~수일 간의 급격한 전력사용량의 변화에 대응할 수 있다.

③ 저수지식

조정지식보다 규모가 큰 댐을 사용한다.
수량이 많고 전력의 소비가 비교적 적은 봄, 가을에 하천의 물을 큰 댐에 모아두었다가 전력소비가 많은 여름과 겨울에 발전하는 데 사용하며, 계절별로 수량을 조절하여 전력사용량의 변동에 대응한다.

'② 조정지식과 ③ 저수지식'은 [모을 수 있을 때 **물을 모아 준비해 둔다**]라는 개념입니다.

 그렇구나. 이해가 돼. 전기 자체를 모아두는 것은 불가능하지만 물을 모아두는 것은 가능하니까.

④ 양수식

발전소를 가운데 놓고 하천의 상부와 하부에 댐을 조성한다.
야간에는 '화력발전이나 원자력발전에서 남은 전력'을 사용하여 하부의 댐에서 상부 댐으로 물을 끌어올린다.
그리고 전력사용량이 많은 첨두시간에 끌어올린 물을 사용하여 발전한다.

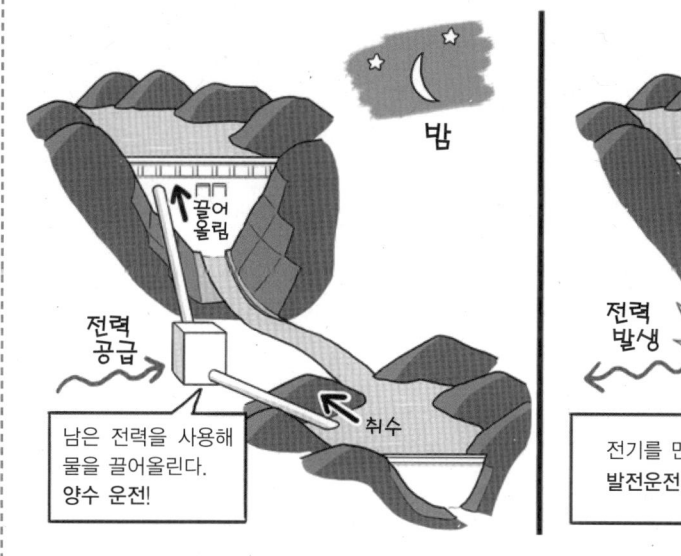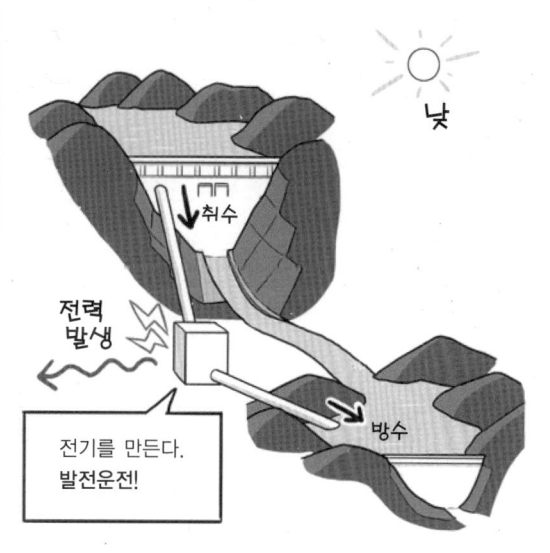

 [④ 양수식] 발전은 놀라운 방법이야.
잉여 전기를 사용해 물을 끌어올린다라…!
지구인들의 발상이 참신하네.

 전기가 모이지 않는 대신 물을 담아둔다는 거지.

 후후후. 감탄해 주셔서 감사합니다.
이런 방식으로 다양한 전력수요에 대응해 나가고 있습니다.

⚡ 수력발전의 발전출력

 우후후. 모처럼 말씀드리는 김에 잠깐 어려운 이야기도 하겠습니다.
이것 보세요! 이쪽의 수식을 보시면…

〈수력발전의 실제출력〉

수력발전의 출력 P는 낙차(고저차)와 유량으로 결정된다.

$$P = 9.8 \times Q \times H \times \eta \ [\text{kW}]$$

- P : 발전출력[kW] … 발전에 의해 만들어진 전력의 크기
- 9.8 : 중력가속도[m/s²] … 물체가 낙하할 때 중력에 의해 발생하는 가속도
- Q : 유량[m³/s] … 1초 간 흐를 수 있는 물의 양
- H : 유효낙차[m](총낙차 − 손실낙차) … 다음 페이지에 설명
- η : 효율(수차효율×발전기효율×증속기효율 등, 60~85% 정도) … 사용되고 있는 기기 등에 의해 변화하는 발전 효율

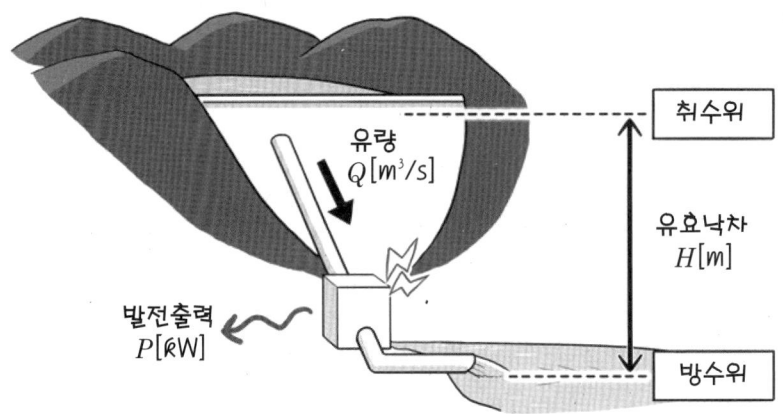

 …!?
머리가 복잡해졌어! 갑자기 난이도를 높이다니 너무해!

 아니…. 천천히 읽어보면 의미를 이해하게 될 거야.
수력발전에서 생기는 출력(전력의 크기)은 낙차(고저차)와, 유량으로 결정돼.
흔히 **낙차와 유량을 크게 하면 큰 전력을 얻을 수 있다는** 이야기야.

 맞습니다! 더불어 [유량]이란 [1초간 흘려보내는 물의 양]을 말합니다.
즉, **많은 물이 빠르게 흐르면 유량이 크다는 것이지요.**

 흠. 그렇게 말해주니까 확실히 알겠어.
높은 장소에서(낙차가 크다), 많은 물이 빠르게 흐르면**(유량이 많다)** 수차가 많이 회전해서 발전이 많이 된다는 말이지!

 맞는 말씀! 확실하게 이미지를 떠올릴 수 있게 된 것 같네요.
그렇다면 다음 '총낙차', '유효낙차', '손실낙차'도 배워볼까요?
방금 전에 본 수식에서도 '유효낙차'가 들어 있었지요.
정리해서 말씀드리면 이런 느낌입니다.

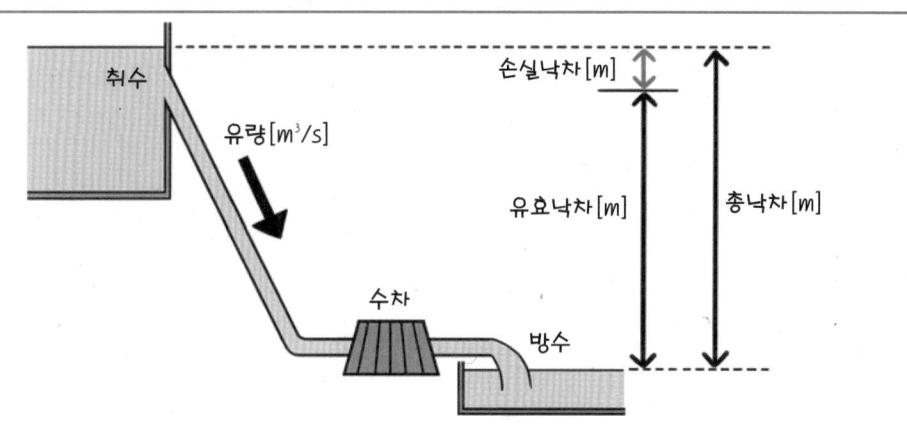

|총낙차, 유효낙차, 손실낙차의 관계|

총낙차 : 발전을 위한 '취수지점의 수위'와 '방수지점의 수위'의 고저차이다.

손실낙차 : 수로나 관을 통해 물이 흐르면 마찰 등으로 인해 반드시 손실이 생긴다.
이 손실을 낙차로 바꿔놓은 것이 손실낙차이다.
※ 손실낙차는 수전체로 발생하지만 편의상 그림의 위에 그려져 있다.

유효낙차 : 수차를 돌리기 위해 실제로 이용 가능한 낙차이다.
총낙차로부터 손실낙차를 제외한 값이다.
수차의 선정이나 발전출력의 계산에는 이 유효낙차가 이용된다.

 그림을 보니 왠지 알 것 같아.
사용되지 않고 잃어버리는 낙차도 있는 거네.

 수식이라고 하면 어려울 것 같지만, 말의 의미나 이미지를 이해하면 의외로 이해하기 쉬워.

<대표적인 수차의 종류>

① 펠톤 수차

노즐로부터 뿜어올린 물을 밥그릇 같이 생긴 버킷(물받이)으로 회전시킨다.

물의 세기가 큰 고낙차의 장소(150~800m 정도)에 적합하다.

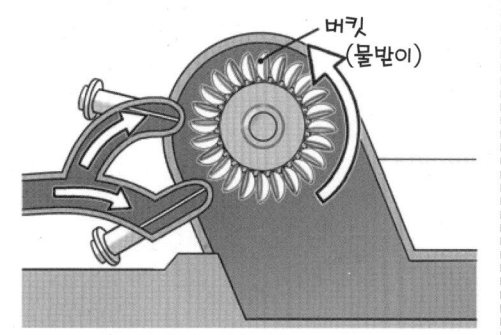

② 카플란 수차

양쪽에 물을 흘려보내, 배의 스크류와 같은 형태를 하고 있는 러너(임펠러)를 회전시킨다.

완만한 강과 같은 저낙차의 장소(3~90m 정도)에 적합하다. 물의 양이나 낙차의 변화로 인하여 날개의 각도를 바꿀 수 있다.

※ 날개의 각도가 변하지 않는 것은 프로펠러 수차라고 한다.

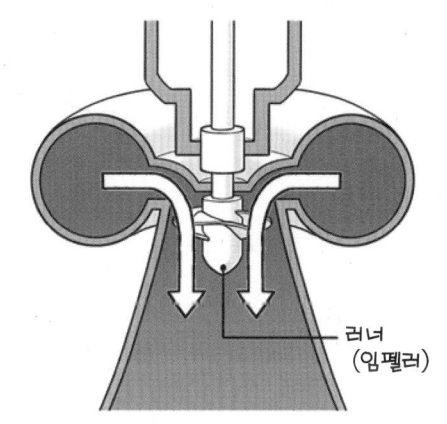

③ 프란시스 수차

②의 카플란 수차와 같이 양쪽에 물을 흘려보내 러너(임펠러)를 회전시킨다.

물의 양이나 세기에 따라 다양한 형태와 크기가 있다. 중낙차의 장소(50~500m 정도)에 적합하며 많은 발전소에서 사용하고 있다.
가장 일반적인 수차이며 우리나라 화천에 있는 발전기가 이런 타입이다.

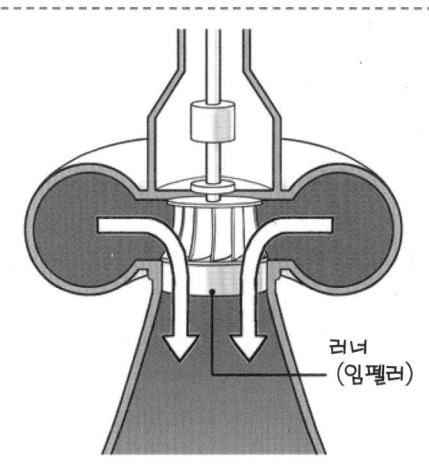

〈대표적인 건설방법〉

① 댐식

댐의 높은 수위에 의해 낙차를 얻는 방법이다.
하천의 물을 막는 댐에 의해 인공적인 호수를 만든다. 물의 수위는 높아지게 되고 발전소까지의 낙차를 이용하여 발전한다.

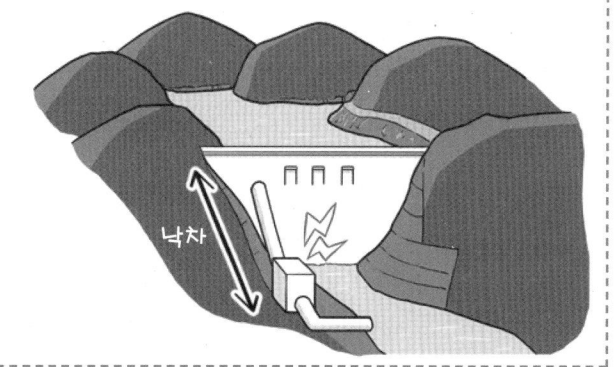

② 수로식

낙차를 얻을 수 있는 장소까지 수로를 이용하여 물을 이동시키는 방법이다.
작은 제방 등을 만들어 물을 저장한다. 그리고 나서 긴 수로를 통해 낙차를 얻을 수 있는 장소까지 물을 이동시킨다.

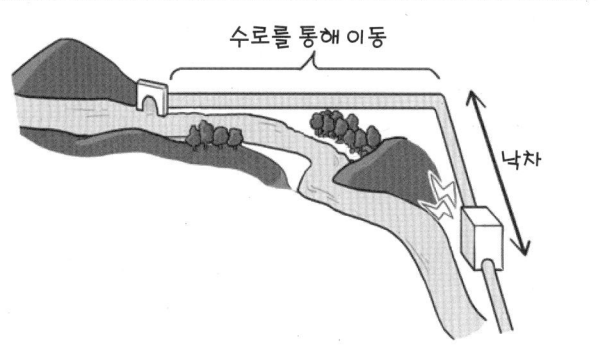

③ 댐수로식

'댐식'과 '수로식'을 조합한 방식이다.
댐에 모아둔 물을 수로를 통해 하류로 흘려보내 발전한다.

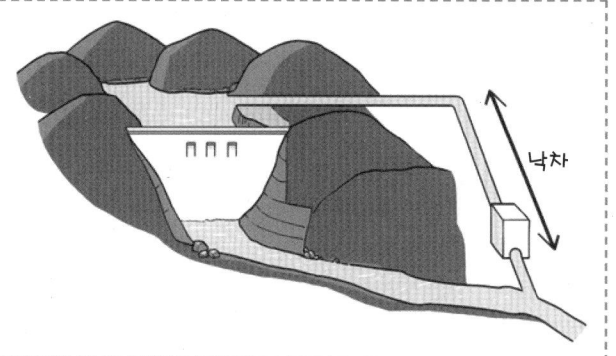

 우와~ 다양한 방법이 있었구나.

 네! 맞아요. 실제로 설치하는 지형 등에 따라서 설치방법이나 구조가 몇 가지 준비되어 있습니다.

소수력발전, 파력발전, 해양온도차발전

마지막으로 [소수력발전], [파력발전], [해양온도차발전]을 소개하겠습니다~♪
소수력발전은 댐을 필요로 하지 않는 작은 규모의 발전방법입니다.
파력발전과 해양온도차발전은 새로운 발전방법으로 바다와 관련되어 있답니다.

[소수력발전]은 출력 1,000kW 이하의 수력발전 설비의 총칭이다.
지금까지 이용하지 않았던 중소규모의 하천이나 농업용수로를 활용하는 것부터 지방재생의 발전 설비로서 주목되고 있으며, 하수도로도 활용된다.

P.61의 수차 외에도 개방형 상향식 수차, 하향식 수차, 튜블러 수차 등도 사용된다.
개방형 수차는 기념물로서도 활용이 가능하다.

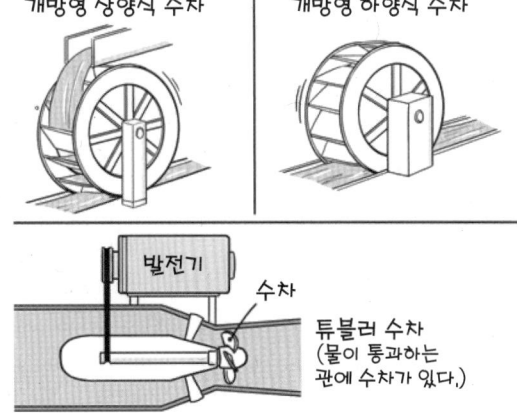

[파력발전]은 **해면의 윗면과 아랫면을 이용한 발전**이다. 파도의 위아래 운동에 의해 발생하는 공기의 흐름에 의해 터빈을 돌린다.

밀물과 썰물로 공기가 흐르는 방향이 바뀌지만, **웰스 터빈**이라고 하는 특수한 터빈은 공기의 움직임이 변해도 같은 방향으로 돌아간다.
[주의!] 파력발전은 수력발전이 아니다.

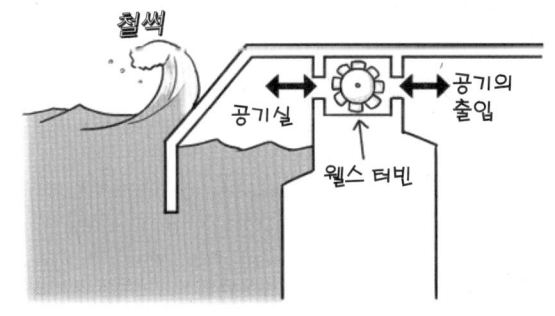

[해양온도차발전]은 해양표층의 **따뜻한 해수**와 해저 약 1km의 심층에 있는 **차가운 해수**의 **온도차를 이용한 발전**이다.
비점이 낮은 암모니아를 따뜻한 해수로 증발시켜 터빈을 돌린다.
발전 후의 증기는 차가운 해수로 식혀 액체로 변환하여 순환한다.
[주의!] 해양온도차발전은 수력발전이 아니다.

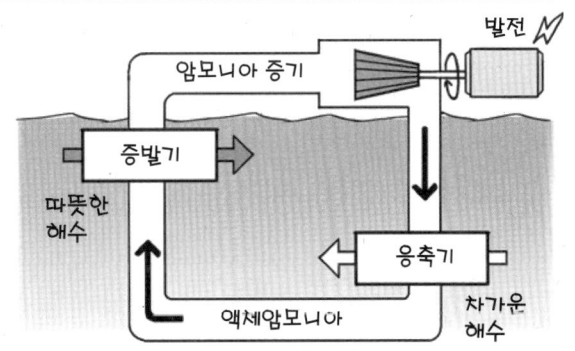

⚡ 화력발전이란?

화력발전이란…

화학에너지 → (변환) → 전기에너지 (화력발전)
(p.16 참조)

화학에너지를 전기에너지로 변환하는 거구나.

네. 맞아요!

더 자세히 설명하자면 열에너지나 운동에너지도 관계가 있습니다.

이쪽을 보세요.

화학에너지(화학연료)를 연소시켜 발생하는 **열에너지**는 물을 증기로 변환하고 그 **증기**가 터빈을 회전시킵니다.

① 열에너지
② 운동에너지
③ 전기에너지

연료 → 보일러 → 증기 → 터빈 → 발전 → 복수기 → 물
(복수기: 다음 페이지에서 설명)

터빈이 회전하는 것은 **운동에너지**이지만 그 운동에너지가 발전기에 의해 **전기에너지**로 변환됩니다.

오호~

에너지를 계속 변환하는 거구나.

제2장 발전 **65**

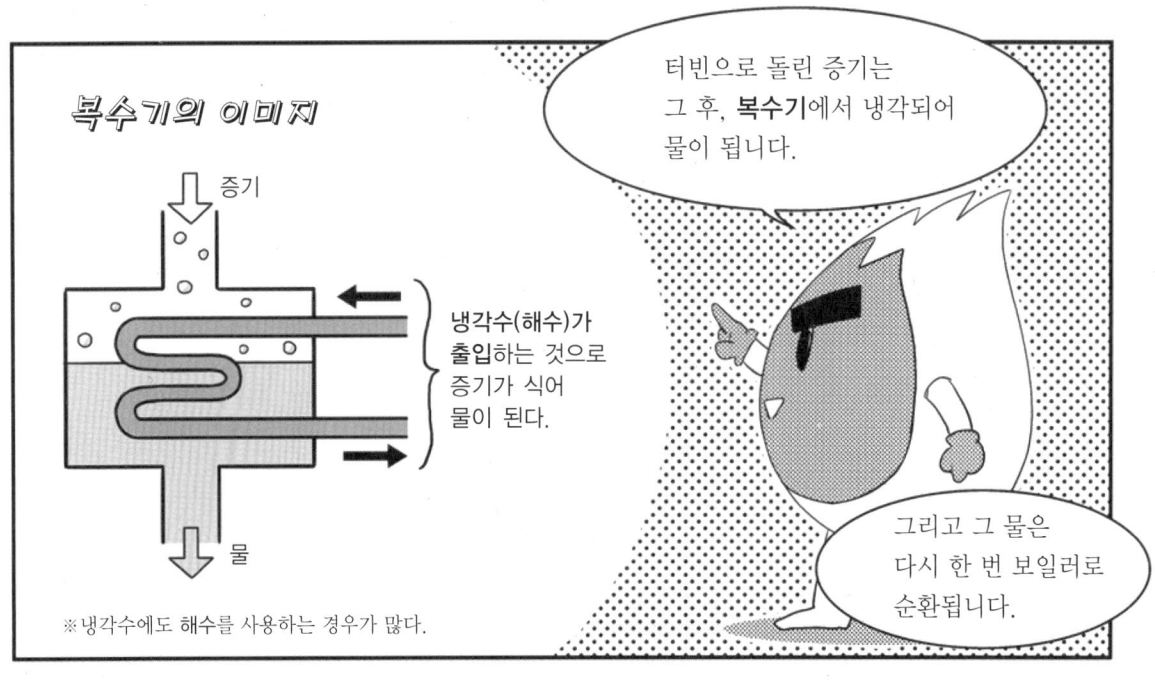

⚡ 화력발전의 종류와 특징

① 기력발전(증기의 활약!)

기력발전이란 화력발전 중 **가장 많이 이용되고 있는** 발전방식이다.
석유, LNG(액화천연가스), 석탄 등의 연료를 연소시켜 보일러로 고온 고압의 증기를 만든다. 이 증기로 인해 **증기터빈**이 회전하고 발전기를 움직여 발전하는 것이다.

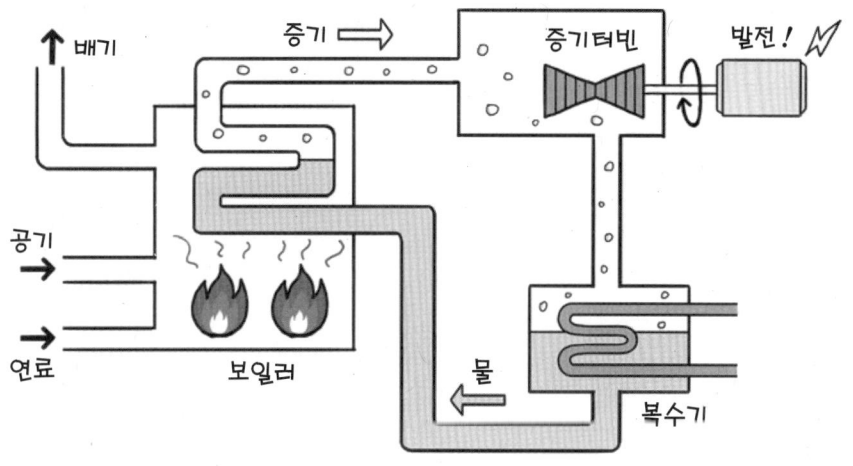

기력이란 '증기의 힘'인 것 같아.
그러고 보니 '증기기관차'를 '기차'라고 하기도 하네.

맞아요. 화력발전의 특징은 **사용하는 원료의 종류 폭이 넓다는** 거예요.
'석유, LNG, 석탄'은 물론, 석유 중에서도 가장 무거운 아스팔트나 바이오매스 연료(p.76에 설명)로 석탄과 섞어 연료로 만들 수 있습니다.

다양한 연료가 사용되는구나.

네. 다양한 연료를 태워 연소가스를 발생시키고 그 가스를 이용하여 과열증기를 만듭니다. 그리고 이 증기를 이용하여 터빈을 회전시킵니다.

제2장 발 전 **67**

② 가스터빈발전(가스의 활약)

가스터빈발전은 등유나 경유, LNG(액화천연가스) 등의 연료를 태워 온도가 높은 **연소가스**를 만든다.
이 연소가스로 가스터빈을 돌려 발전기를 가동시켜 발전한다.

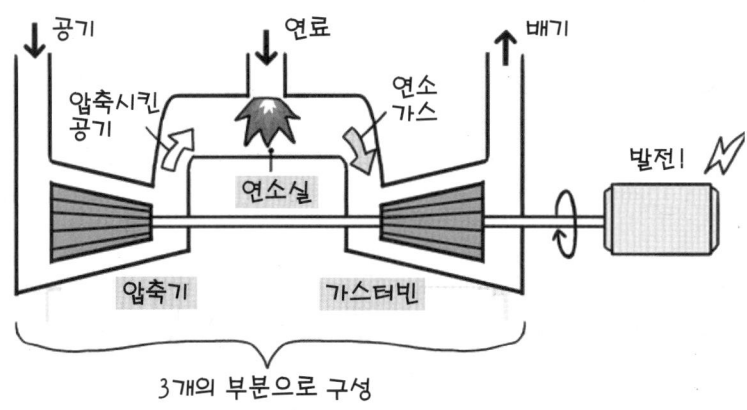

방금 전 '① **증기발전**'은 증기를 만들어 **증기터빈**을 가동시켰지….
'② **가스터빈발전**'은 가스를 만들어 **가스터빈**을 가동시키는 건가?

맞습니다. 더불어 가스터빈은 '압축실·연소실·가스터빈'의 3 부분으로 구성되어 있습니다. 위의 그림을 보면 알 수 있어요.

'**압축기**'는 탄소농도를 높이기 위해 공기의 압력을 20배 정도로 압축합니다. 다음으로 '**연소실**'에서 압축공기와 혼합한 연료를 연소시킵니다.
그리고 고온·고압된 연소가스를 '**터빈**'으로 이끌어내면 연소가스가 팽창되어 터빈에 회전을 줍니다.
그 후, 연소가스가 배출됩니다.

음~ 그러니까~
연소한 가스로 터빈이 엄청난 기세로 펑펑!하고 돌아간다는 거네!

뭐, 그렇다고 볼 수 있지만 너무 요약했어.

③ 콤바인드 사이클발전(복합이라는 의미!)

콤바인드 사이클발전의 특징은 발전에 사용된 **열을 재이용**하여 다시 한 번 더 발전에 이용하는 것이다. 처음으로 **연료의 가스**를 연소한다. 연소가스가 가스터빈을 회전해 발전한다.
다음으로 가스터빈으로부터 나온 고온의 **배기가스를 재이용**하여 고온·고압의 증기를 만들어 이후에는 증기터빈을 돌려 발전한다.

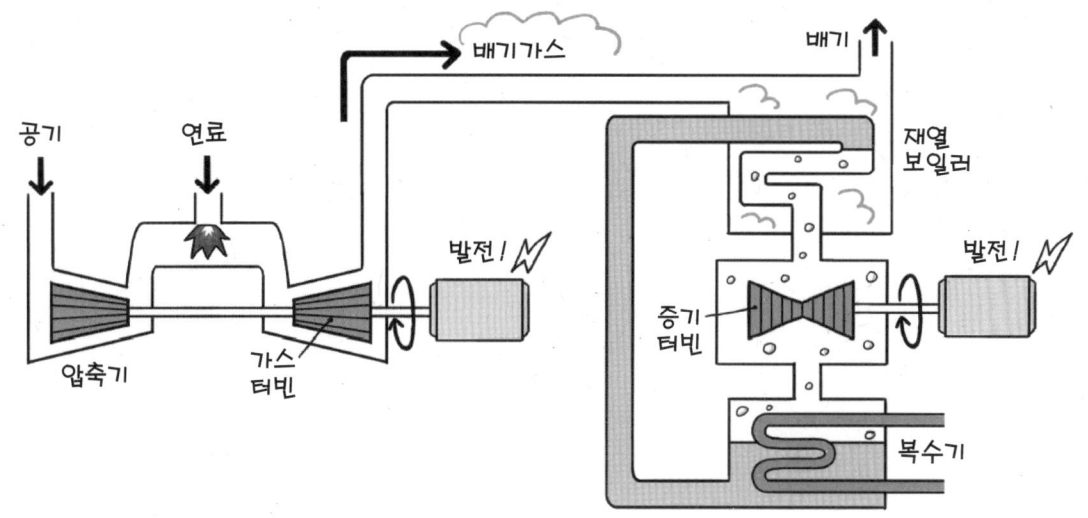

※ 위 그림처럼 '가스터빈의 축'과 '증기터빈의 축'을 각각 회전시키는 것을 [다축형]이라고 하고 2개의 축을 1개로 합쳐 발전기를 회전하는 것을 [일축형]이라고 한다.

 오! 연료가스를 가열한 것이 결과적으로 2개의 터빈을 돌려 발전하는 건가! 연료의 낭비 없이 에너지를 이용하는 효율적인 발전이 가능할 것 같아.

 응응. 같은 양의 연료를 사용해도 다른 화력발전보다 많은 전기를 만들 수 있지. 정말 효율적이야.

MEMO 화력발전소의 대부분이 바닷가 근처에 있는 이유

대부분의 화력발전소나 원자력발전소는 바다 근처에 있다.
그것은, **복수기의 냉각수**로서 '해수'를 이용하기 때문이다.
또, 화력발전에 이용되고 있는 화석연료는 대부분 해외에서 배로 운송해 오는데, 그런 면에서도 발전소가 바다 가까이 있는 편이 좋다.

제2장 발 전

④ 내연력 발전(내연기관의 활약!)

내연력 발전에는 디젤엔진이나 가스엔진 등의 내연기관을 이용한다.
연료에 의해 내연기관에 회전력이 생겨 발전한다.

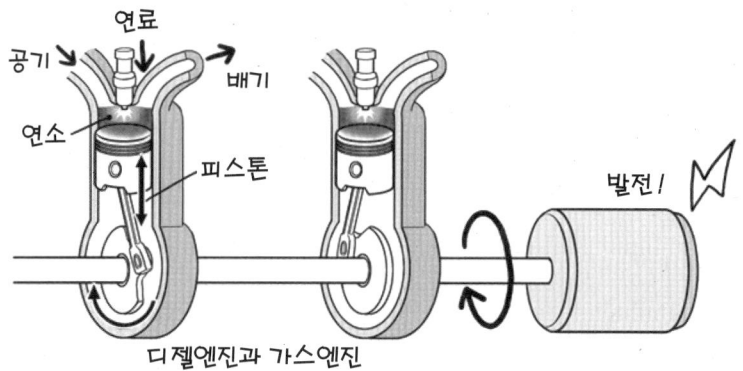

 '내연기관'이나 '디젤엔진·가스엔진' 등, 생소한 단어도 있을 거라고 생각하는데요. 이것들에 대해서는 이 뒤에 바로 설명하겠습니다.
먼저 **내연력 발전**은 '소규모이지만, 단기간 시동이 가능한 화력발전'이라고 생각해 주세요. 출력도 수십 kW부터 1만 kW 정도까지로 다양합니다.

 내연력 발전은 보일러가 필요하지 않지만, 발전소의 건설비용도 들지 않는다고 해. 떨어져 있는 섬에서 전기를 만들거나 빌딩이나 공장의 자가발전, 비상용 전원으로서도 사용되고 있어.

 이것으로 '화력발전의 4가지 종류'를 모두 배웠구나. 증기, 가스, 복합, 엔진 … 각각의 특징이 있었지!

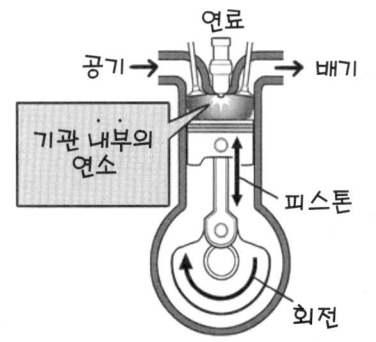

MEMO 내연기관이란?

[**내연기관**]이란 왼쪽 그림과 같이 기관 내부에서 연료를 연소시켜 움직이는 기계를 말한다.
내연기관과 반대로 [**외연기관**]이라고 하는 것도 있다.
외연기관은 보일러 등의 기관 외부에서 연료를 연소시킨다. 예를 들면 방금 전에 나온 증기터빈도 외연기관의 대표적인 예라고 할 수 있다.

디젤엔진·가스엔진, 코제너레이션, 마이크로 가스터빈, 연료전지

무엇인가를 배우게 되면 그것에 관련된 것들도 알고 싶어지죠? 아니, 꼭 알아두시기 바랍니다! 먼저 앞에서 다룬 [④ 내연력 발전]에 등장했던 **디젤엔진**, **가스엔진**에 대해 이야기해 봅시다.

[**디젤엔진, 가스엔진**]은 열효율이 높고 소규모 발전에 애용되고 있다.
동작 모습은 아래 그림과 같다. 이와 같은 동작으로 피스톤의 상하 진동이 발생해 크랭크에 전달되어 회전력이 발생하는 것이다. 그로 인해 발전기가 회전한다.

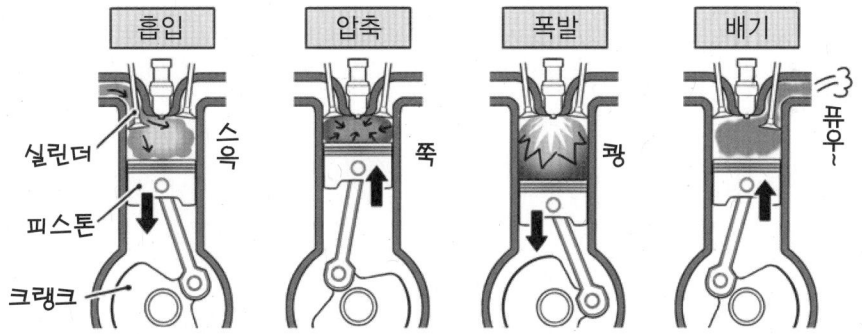

① **흡입** : 연료가스와 공기를 섞은 가스를 실린더 안의 연소실에 충진한다.
② **압축** : 피스톤에 의해 가스를 압축하면서 전기불꽃이 점화된다.
③ **폭발** : 가스의 연소가 시작되고, 팽창됨으로써 피스톤이 움직인다.
④ **배기** : 피스톤에 의해 연소가스는 실린더에서 배출된다.

그런데 여러분은 [**코제너레이션**]을 알고계십니까?
코제너레이션에는 지금 배운 디젤엔진이나 가스엔진이 이용됩니다! 이 기회에 알아봅시다.

[**코제너레이션**]이란 발전과 동시에 발생한 배열을 회수하여 급탕이나 냉·난방 등에 사용하는 시스템을 말한다. 그러므로 총에너지효율(전기에너지와 열에너지)은 70~80%가 되고 소에너지, 소비용, CO_2 배출량 감소를 도모할 수 있다.

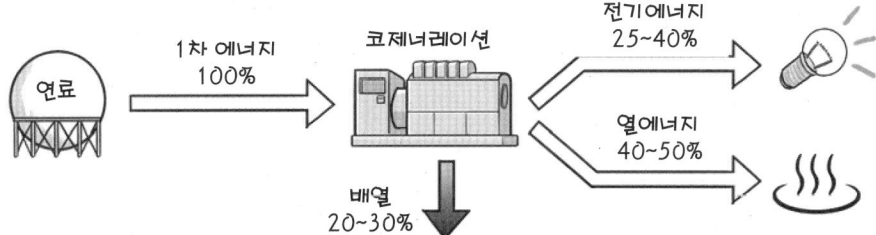

제2장 발전

코제너레이션은 산업, 업무용이 주용도였다.
그러나 최근에는 소규모의 마이크로 코제너레이션이 보급되고 있다.
마이크로 코제너레이션은 주로 '마이크로 가스터빈', '마이크로 가스엔진', '연료전지'가 이용되고 있다.

짠! 새로운 키워드가 나왔습니다.
그렇다면 마지막으로 [마이크로 가스터빈]과 [연료전지]에 대해 소개하겠습니다. 양쪽 모두 소규모 발전용입니다.

[마이크로 가스터빈]은 연료로서 도시가스나 등유에 사용한다. 소규모(대략 200kW 이하)의 발전시스템을 구성하는 소형 가스터빈이다.
압축기로 공기를 압축한 뒤, 연소기로 그 압축공기를 사용해 연료를 연소시킨다.
그리고, 연소 시에 발생한 고온·고압의 연소가스로 가스터빈을 돌려 발전한다.

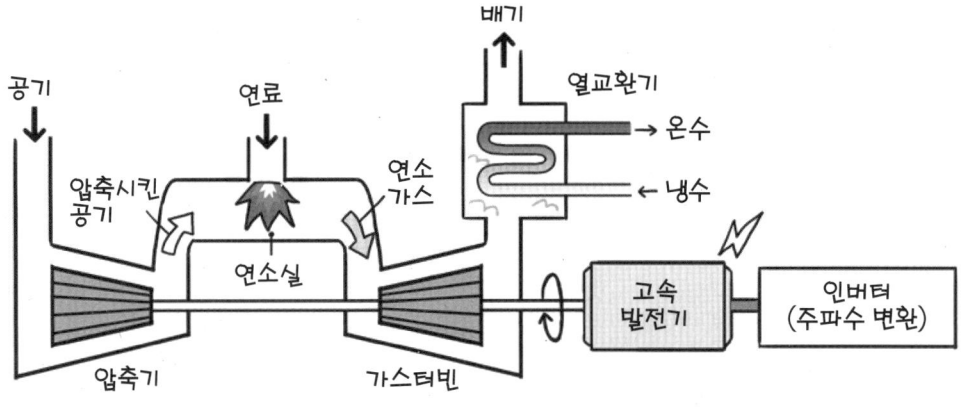

[연료전지]는 '물의 전기분해'와는 반대 원리로 발전하는 발전장치이다.
수소와 산소에 의한 전기화학반응의 물이 생성되는 과정에서 전기를 추출해낸다.
연료전지는 소규모에서도 발전효율이 높아 배기가스, 소음도 발생하지 않아 환경적인 부분에서 '차세대 발전시스템'으로서 기대된다.

연료전지의 화학반응	
	$H_2(수소) + \frac{1}{2}O_2(산소) \rightarrow H_2O(물) + 전기$
플러스극 (공기극)	$\frac{1}{2}O_2 + 2H^+ + 2e^- \rightarrow H_2O$
마이너스극 (연료극)	$H_2 \rightarrow 2H^+ + 2e^-$

e^-는 전자이다.

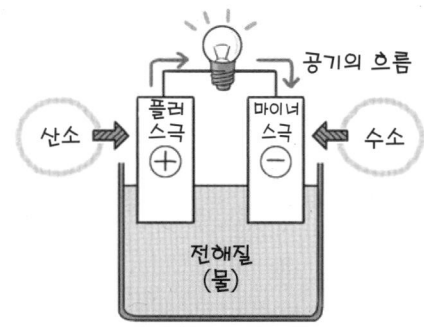

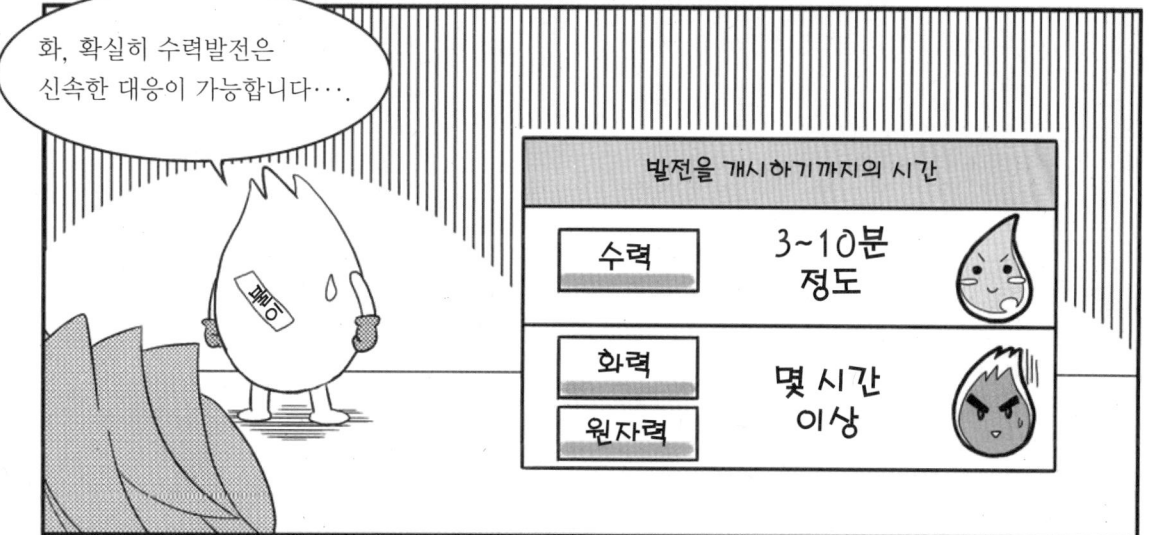

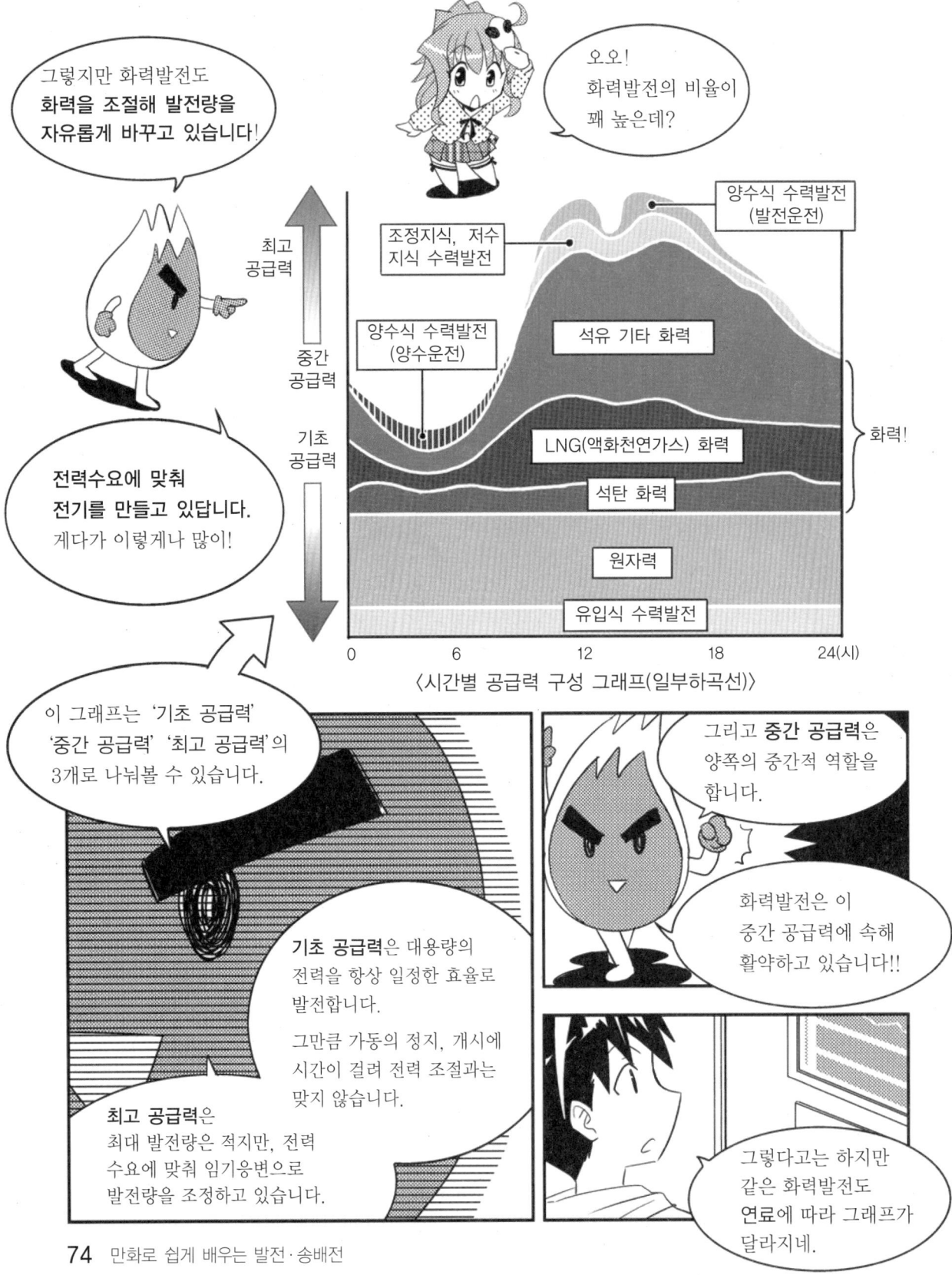

폐기물발전, 바이오매스발전, 지열발전

그럼, 마지막으로 연소나 열에 관련된 새로운 발전방법 3가지를 소개합니다. [**폐기물발전**]과 [**바이오매스발전**]은 리사이클에너지, [**지열발전**]은 자연에너지를 활용하고 있습니다.
저도 많이 궁금하네요!

[**폐기물발전**]은 쓰레기를 태울 때 발생하는 열을 이용한 발전이다.
가정에서 나오는 가연성 쓰레기를 소각할 때 발생하는 열로 고온·고압의 증기를 만들어, 그 증기로 인해 터빈이 회전하며 발전한다. 본래, 버려지던 에너지를 재이용하기 때문에 자원의 유효활용이라고 할 수 있다.

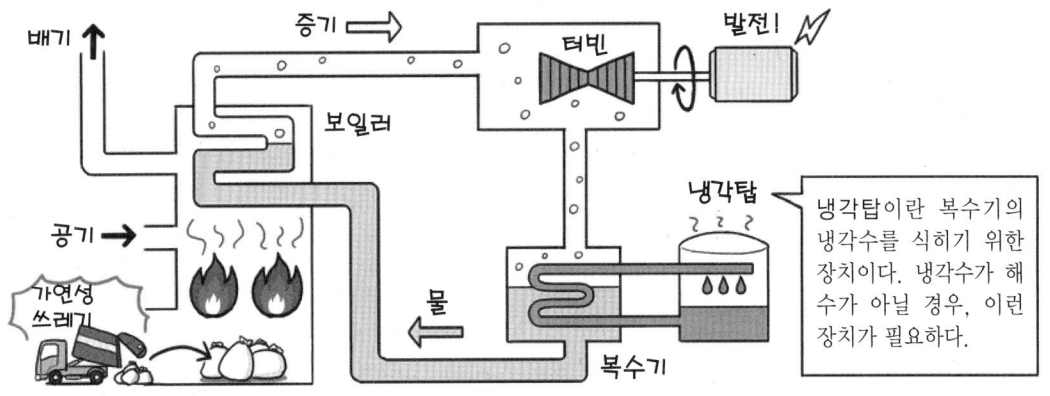

[**바이오매스발전**]은 생물체(바이오매스)를 이용하는 발전이다.
식물 등의 에너지원으로 사용할 수 있는 생물체를 연료로 연소하여 발전한다.
구체적으로는 목재의 톱밥으로 만든 고체연료, 축산폐기물로 만든 기체연료(메탄가스), 사탕수수 찌꺼기에서 얻은 연료로 만든 액체연료(에탄올) 등을 연료로 한다.

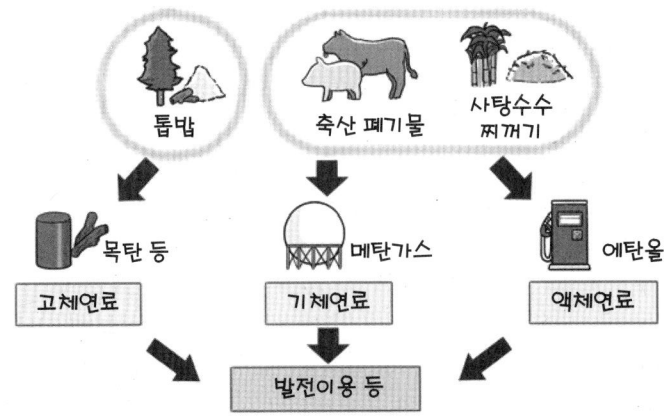

화산의 지하 깊은 곳에는 마그마가 존재하고 있어 막대한 에너지가 잠들어 있다.
[지열발전]이란 이 에너지의 일부를 증기로 채취하여 이용하는 발전을 말한다.
지하에서부터 올라오는 증기로 터빈을 돌려 발전한다.
지열발전은 화산이 많은 나라에서 그 특징을 살린 발전방법이라고도 할 수 있다.

기수분리기란, 기체와 수분을 분리하는 장치이다.
환원정이란, 발전에 사용한 물을 지하로 되돌려 보내기위한 우물이다.
생산정이란, 땅 속의 열자원에 의한 증기나 열수를 채취해내기 위한 우물이다.

MEMO '수주화종'에서 '화주수종'으로

지금까지 수력발전과 화력발전을 공부해 왔다.
이 2가지의 발전에 관한 단어로서 [수주화종]과 [화주수종]이 있다.
옛날 우리나라는 '수력발전이 주이고 화력발전(연료는 석탄중심)은 보조적인 존재'였다. 그 시대를 [수주화종시대]라고 한다.
그러나 이후 화력발전 기술의 향상이나 사용연료의 변화에 의해 상황이 바뀌었다.
'화력발전이 주가 되고, 수력발전은 보조적인 존재'가 된 것이다.
이것을 [화주수종시대]라고 한다.
그리고 '원자력발전, 화력발전, 수력발전'을 최적의 밸런스로 조합한 것을 **밸런스 믹스 시대**라고 한다.
시대와 함께 전원(전기에너지의 공급원)의 구성도 변화해 가는 것이다.

4. 원자력발전

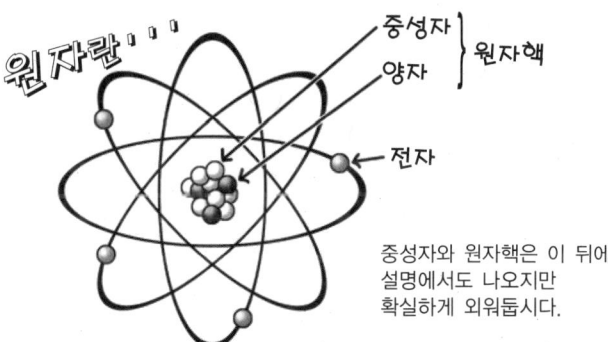

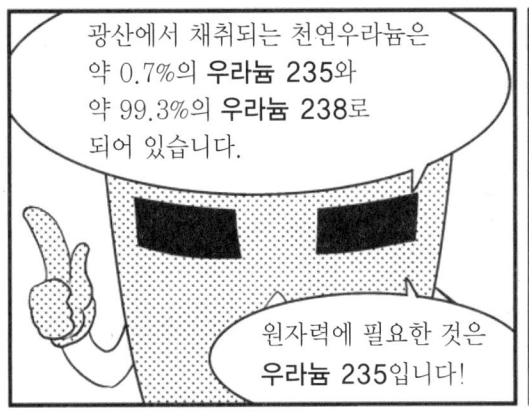

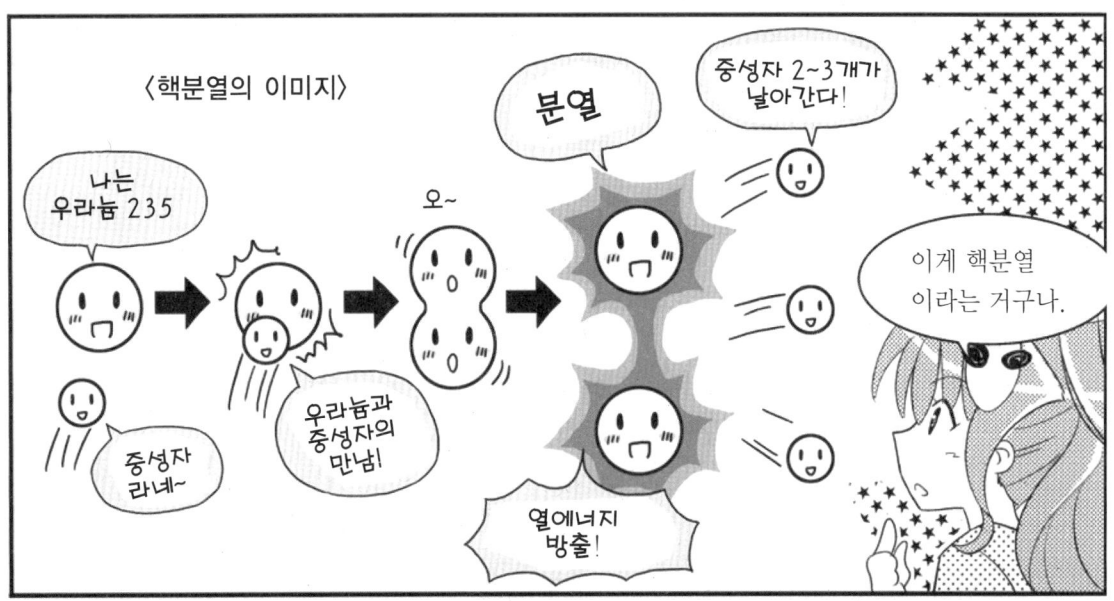

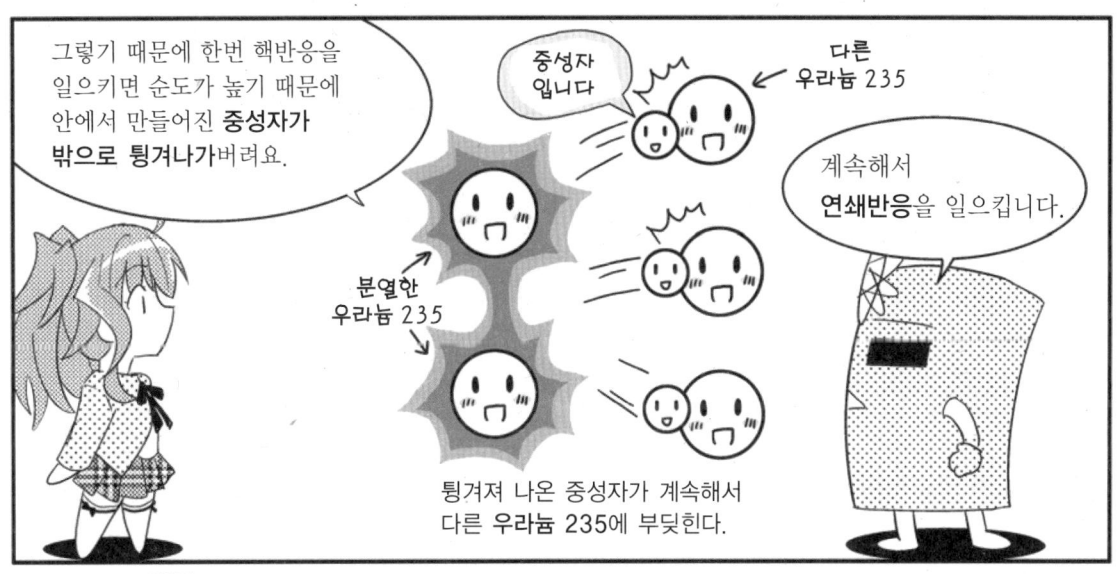

※ 1g의 우라늄 235를 모두 핵분열시키면 약 2,000만 kcal의 에너지가 만들어진다.

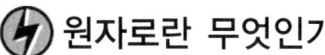 원자로란 무엇인가?

 그럼, 원자력발전의 심장이라고 할 수 있는 [**원자로**]에 대해 이야기 해볼까요?
원자로란, 핵분열 반응을 유지시켜 에너지를 만들어 내기 위한 장치입니다.

 원자로 안에서 핵분열 반응을 일으키는 거구나.
그리고 **핵분열에너지**로 물을 가열해 **증기**를 발생시키는 거지?

 그렇지요. 우리나라에서 사용되고 있는 발전용 원자로는 [**경수로**]라고 합니다만 경수로에는 2종류가 있습니다. '비등수형 원자로'는 노심으로 증기를 발생합니다.
반면, '가압수형 원자로'는 노심에서 발생한 고온·고압의 증기를 증기발생기로 보내 다른 계통으로 보내는 물을 증기로 만듭니다.

여기서 '비등수형 원자로'를 예로 들어 소개하겠습니다.

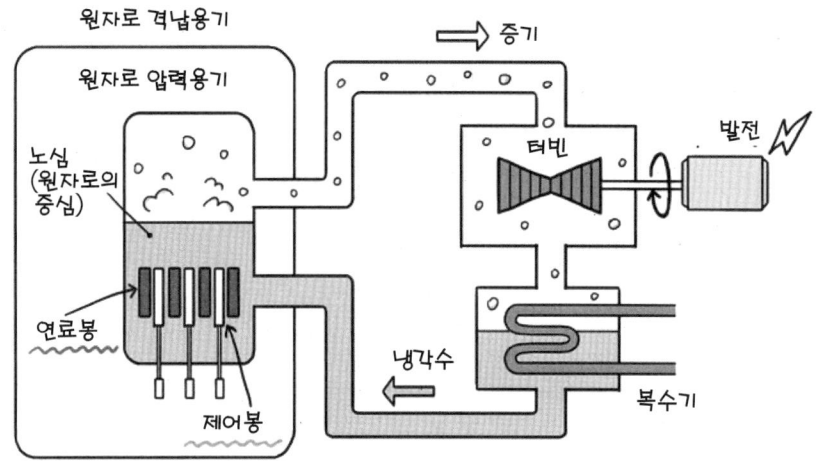

|원자력 발전의 구조|

 흠. 그러고 보니 노심에서 증기가 만들어지고 있네. 그런데 모르는 단어가 있어. **연료봉**이나 **제어봉**같은…. 봉이 그렇게 중요한가?

 그럼요, 그럼요! 중요해요. 엄~청 중요합니다. 이 봉들은 원자력발전소의 핵심이라고 할 수 있는 존재입니다. 뒤에서 천천히 설명하겠습니다.

⚡ 연료봉, 제어봉

[**연료봉**]이란 이름대로 연료가 되는 봉을 말합니다.
연료봉에는 '**펠릿**'이라고 하는 우라늄으로 채워져 있습니다.

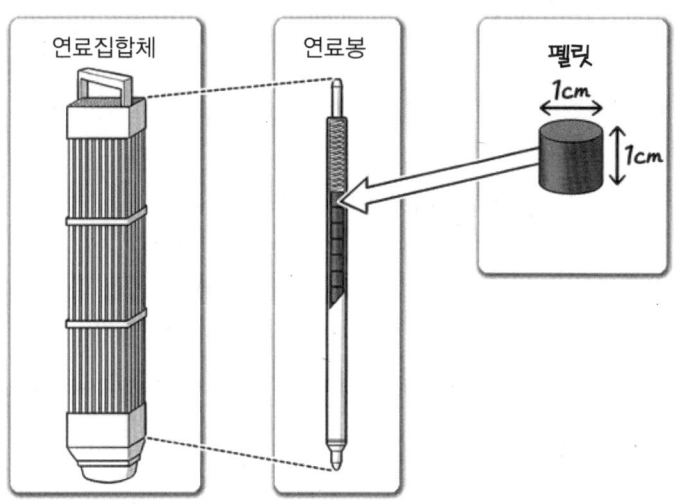

그리고 그 펠릿은 **우라늄을 가공하여** 만든 것입니다.
펠릿 1개의 크기는 가로 세로 1cm 정도이지만 이 1개로 일반 가정의 약 8개월 분[※]의 전력을 생산합니다.
※한 가정의 1개월 사용전력량을 300kWh로 계산 함.

오~ 새끼손가락 한 마디 정도의 크기로 그만큼의 에너지가 나온다고?

그리고 연료봉 묶음이 '**연료집합체**'야.
이것을 원자로의 압력용기 안에 넣은 것을 말해.

제2장 발 전 85

흠. 확실히 연료가 없으면 발전도 할 수 없으니까.
연료봉이 중요하다는 거네. 이제 알겠어.
그렇지만 [제어봉]이라는 것은 도대체 뭐지!? 연료가 있으니까 핵분열은 가능하잖아? 더 이상 필요한 게 없지 않나?

아닙니다. 확실히 연료가 있으면 핵분열은 가능하겠지만 그것만으로는 불가능해요.

원자력 발전에서는 **연쇄반응의 진행을 제어**해야 합니다.
바꿔 말하면 '핵분열이 일정한 페이스로 계속되도록 컨트롤해야 한다'는 것입니다. 그것을 위한 방법이 **중성자의 양을 조정**하는 것이지요.

앗. 그 역할을 하는 것이 제어봉이구나!
정말 이름 그대로네.

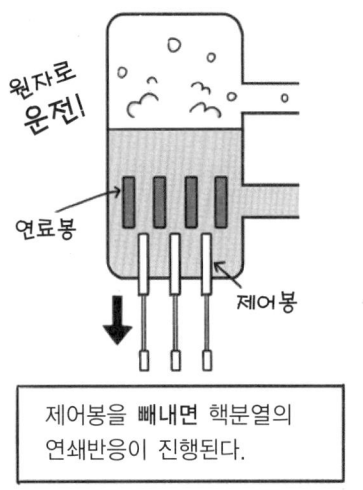
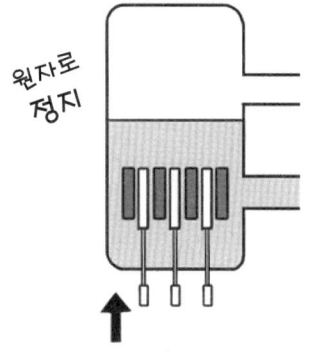

위 그림을 보세요.
제어봉은 중성자를 잘 흡인하는 물질로 되어 있는 봉 형태의 장치예요.
이 **제어봉을 넣고 빼는** 것으로 중성자의 양을 조정하고 있습니다.

드디어 이해가 된다.
연료봉이 연료가 되고 제어봉으로 조절하다니…
봉들은 다 중요한 거구나!

⚡ 감속재, 냉각재

우리나라의 발전용 원자로는 '경수로'라고 말씀드렸지요?(p.84 참조)
본래 경수로는 [**냉각재**(냉각수라고도 한다.)]와 [**감속재**]에 **경수**를 사용하는 원자로를 말합니다. 경수란, **보통의 물**을 가리킵니다.

응? 그럼 냉각재는 뭐야?
전에 복수기에 대해 배웠을 때(p.66 참조) 증기를 냉각시켜 물로 만들기 위해 냉각수가 생겨났다고 했는데, 이것은 또 다른 거야?

아… 조금 복잡한데요, 복수기의 냉각수는 움직임이 다릅니다.
원자력발전의 **냉각재**란, 핵분열에 의해 발생한 열에너지를 받아 노심에서부터 외부로 에너지를 옮겨 나르는 역할을 하고 있답니다.

즉, 경수로에서 **냉각재라고 하는 이름의 경수**(보통 물)가 증기가 되어서 열에너지를 옮기는 것입니다. 아래 그림을 보시죠.

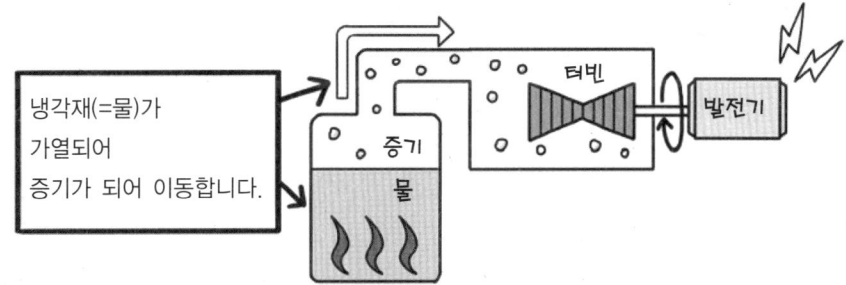

냉각재라고 하는 이름이 붙어있지만 냉각이 주된 목적이 아니라, 열에너지를 외부로 옮기는 것이 원래의 목적이야. 냉각의 역할도 했지만 말이야.

경수로에 있어 냉각수란 결국은 보통의 물입니다.
즉, 경수로 이외에 다른 종류의 원자로는 냉각재도 다양합니다.
예를 들어 공기, 탄산가스, 융해금속나트륨, 헬륨 등이지요.

응응. 냉각재에 대해 전부 이해했어!
그럼, 앞에 나왔던 '감속재'는 어떤 거야?

핵분열을 할 때 중성자가 튀어나가는 것까지는 설명드렸죠?(p.82 참조)
단, 이 중성자는 속도가 굉장히 빠르기 때문에, 우라늄 235의 원자핵에 흡수되기 쉬운 속도로 떨어뜨려야만 하지요. 이 중성자의 속도를 늦추는 역할을 하는 것이 **감속재라고 하는 경수(보통의 물)**입니다.

음~ 그러니까, 아래 그림처럼 감속재(보통의 물)가 있는지 없는지로 중성자와 원자핵의 운명이 바뀌는 거네.

네. 방금 전 제어봉으로 핵분열 반응을 컨트롤하는 것에 대해 이야기했는데요, 이 감속재에도 제어의 움직임이 있습니다. 감속재로 중성자의 속도를 변화시켜 핵분열 반응을 컨트롤하는 것이니까요.

여기서도 경수가 중요한 역할을 한다는 건가?
그렇다고 해도 원자력발전은 신기하네.
평범한 물이 대활약을 하고 원리 자체는 화력발전과 같고… 간단하다고 생각할 수 있지만 사실은 그렇지 않아.

응응. 미나도 이해한 것 같으니까 오늘 수업은 이것으로 끝!

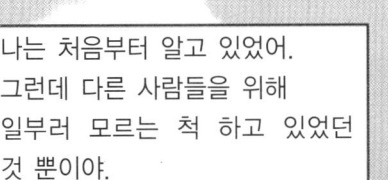

플로 업

◆ 발전의 역할

우리나라의 '전원별 발전전력량의 구성비'를 아래의 도표에 나타냈다.

석탄, LNG(액화천연가스), 석유 등의 **화력발전**이 반절 이상을 차지하고 있다. 이 연료의 대부분이 수입에 의존하고 있다. 2005년에는 **원자력발전소**가 증가하여 30% 정도를 차지하게 되었다. **수력발전소**는 신규개발이 거의 완료되었으며 10% 정도로 낮아져 있다.

2011년은 동일본 대지진의 영향으로 원자력발전소 운용이 정지되어 발전량이 감소하였지만 이것을 커버하고 있는 것이 화력발전이다. 그 중에서도 LNG 화력발전이 크게 증가하고 있다는 것을 알 수 있다. LNG 화력발전은 석탄·석유 화력발전에 비해 효율이나 환경적인 면에서 우수하다.

앞으로 신에너지의 증가가 기대되고 있지만, 이 그래프에서 현저한 변화가 나타나기까지는 아직 시간이 필요한 것으로 예상된다.

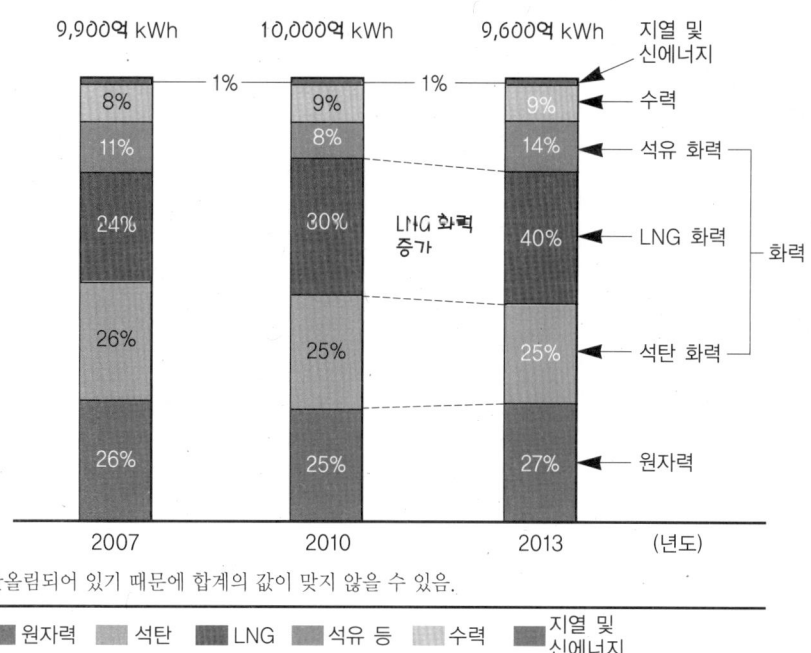

| 전원별 발전전력량의 구성비 |

다음은 '국가별 전원별 발전전력량의 구성비'의 예를 아래 도표로 나타냈다.

나라별로 크게 다르다는 것을 알 수 있다. 이것은 생산된 화석연료, 지형이나 정책 등이 다르기 때문이다.

우리나라는 다양한 발전설비를 조합하는 [베스트 믹스]라고 하는 사고방식을 기초로 하고 있다. 특히 석탄과 석유, 천연가스를 수입에 의존하는 만큼 에너지 자급률이 낮고, 분쟁시 공급 중단의 위험이 크다는 관점에 의해 전원의 다양화가 불가결하다고 할 수 있다.

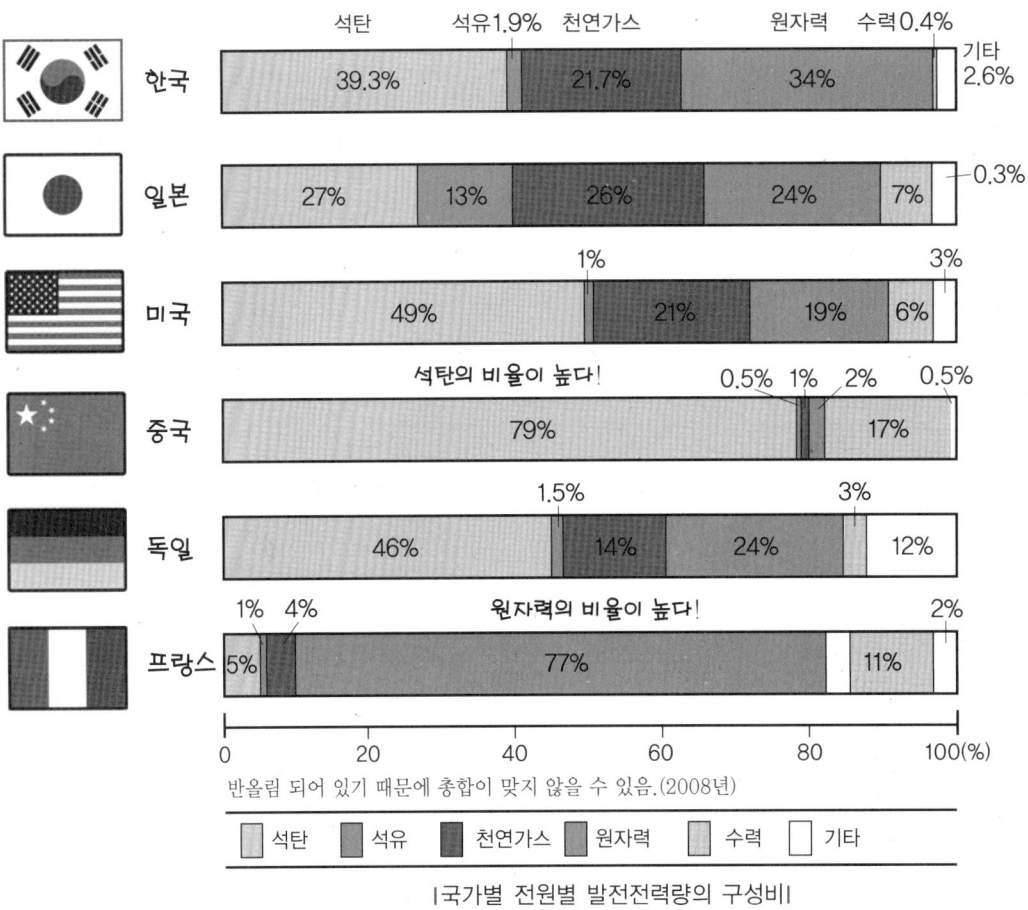

|국가별 전원별 발전전력량의 구성비|

제3장
송 전

1. 송·변전 방식

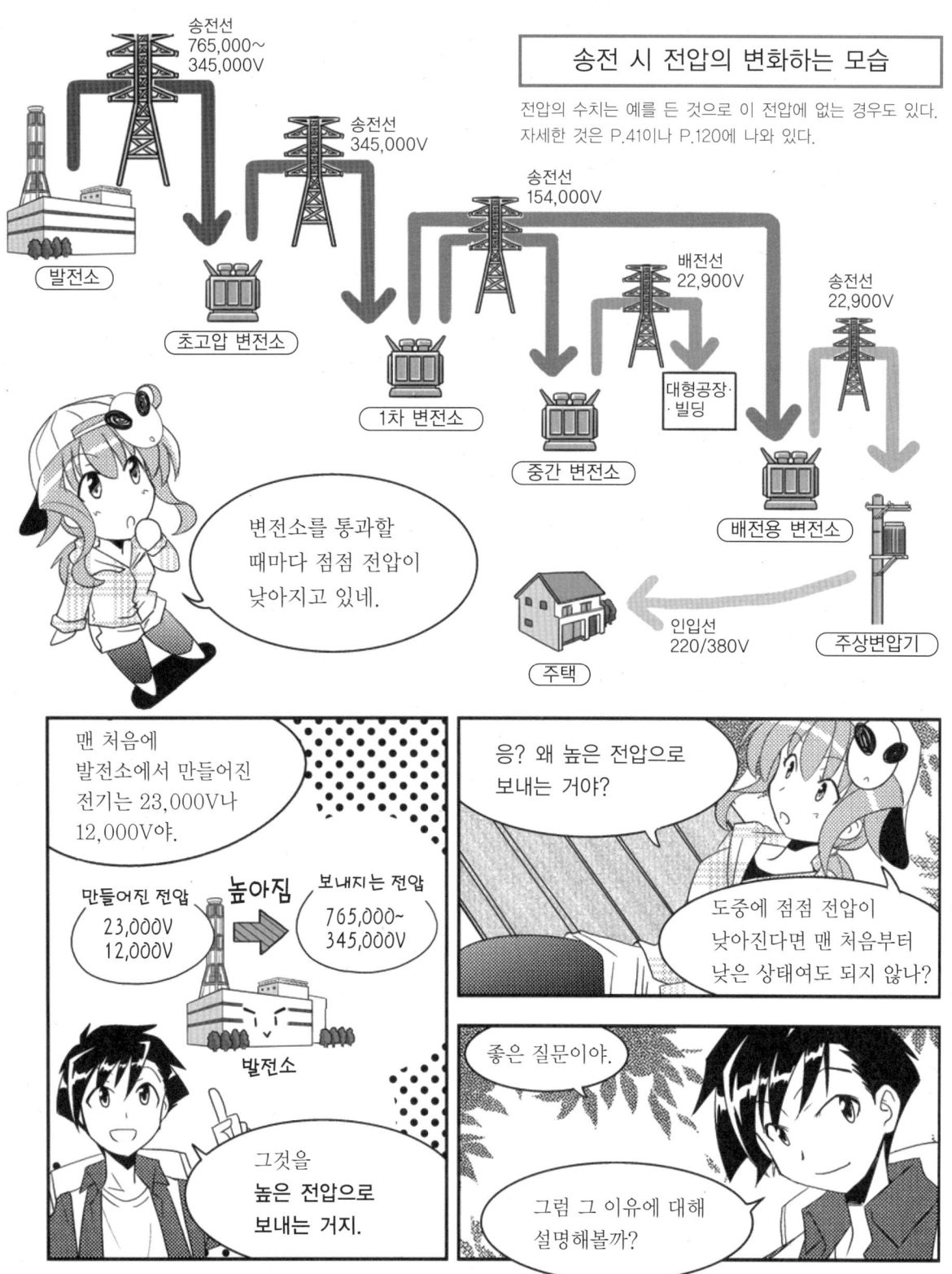

⚡ 왜 높은 전압으로 보낼까?

왜 일부러 높은 전압의 상태로 송전하는 것일까?
그 의문을 풀기 위해 먼저 [줄열]에 대해 이야기 할까 해.
전류가 송전선을 흐르면 전기저항에 의해 전기에너지의 일부가 열(줄열)이 되어버려.
그리고 이 열은 **공중으로 날아가** 버리지.

날아가 버린다고! 힘들게 만든 전기에너지가 소용없어지게 되는 거잖아!

응. 이것을 **송전로스**(송전손실)라고도 해.
그래서 아래 줄의 법칙에서 발생하는 **줄열은 전류 크기의 2승에 비례해.**

— 줄의 법칙 —

발열량[J] = 전류[A]^2×저항[Ω]×시간(초)[s]

'전류를 작게하면 송전손실이 작아진다.'라는 거지?

맞아! **전력＝전압×전류**니까, 전류를 작게 해서 같은 전력을 보내기 위해서는 전압을 높게 할 필요가 있어. 아래의 비율을 보면 자세히 알 수 있지.

전압이 낮으면…	전압이 높으면…
송전 도중에 날아가 버리는 전기가 많아 비율이 나쁘다.	송전 도중에 날아가 버리는 전기가 적어 효율이 좋다!

이해가 돼. 저렇게 높은 전압으로 송전하는 이유는 송전손실을 줄여서 송전효율을 높이기 위한 거군.

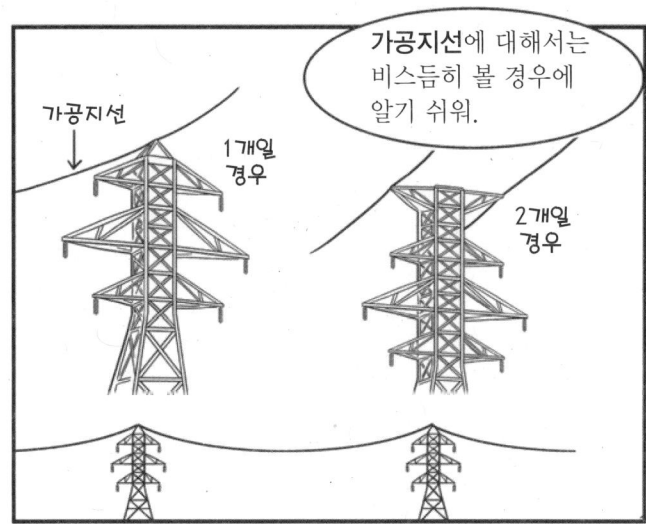

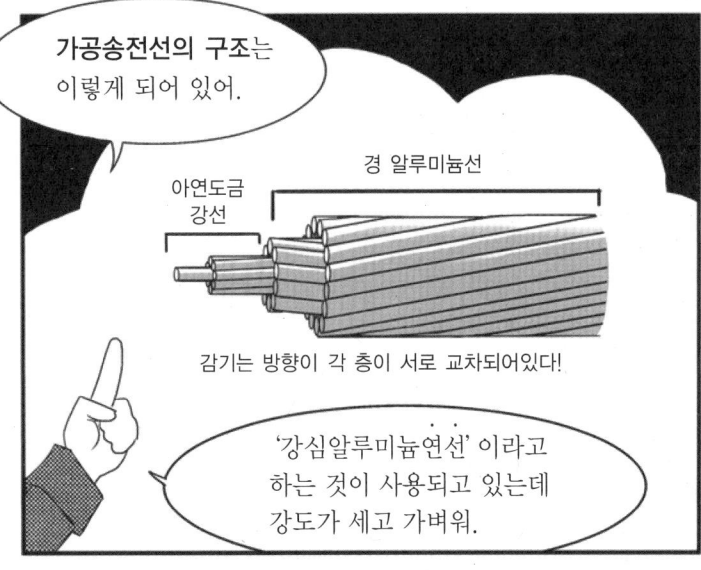

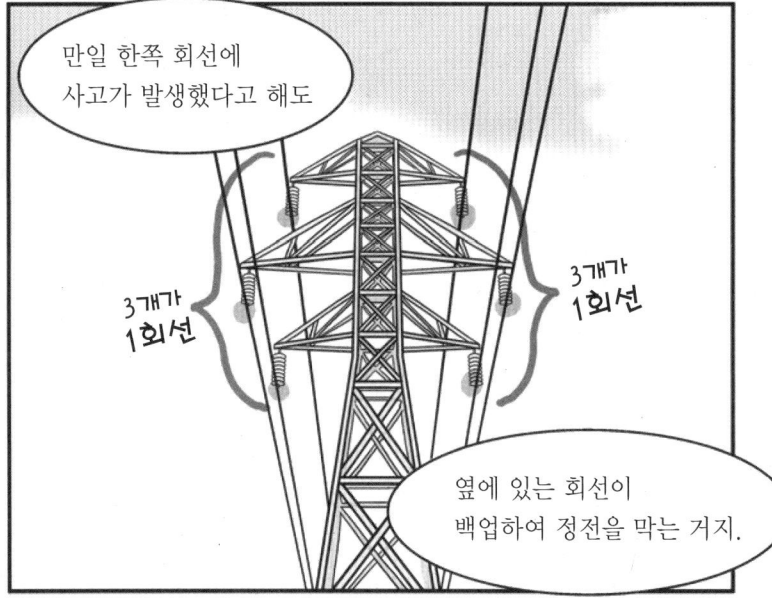

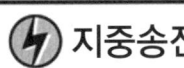

지중송전선이 통과하는 도로의 단면도

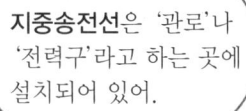

지중송전선은 '관로'나 '전력구'라고 하는 곳에 설치되어 있어.

오~ 다양한 것들이 정리되어 있네.

또 지중송전선에는 **전력케이블**이 사용되고 있어.

자주 사용되는 것으로는 공사나 보존이 쉬운 'XLPE 케이블'이야.

XLPE 케이블의 구조는 이런 식으로 전선(도체)을 가교 폴리에틸렌이라고 하는 것으로 덮어 **절연**하고 있지.

(가교 폴리에틸렌) 절연체 / 다양한 보호층 / 도체 (전기가 통하기 쉬운 물질)

케이블은 절연에 많이 신경쓰는 것 같네.

지하의 좁은 공간에서 전기가 물에 닿게 되면 큰일나니까.

2. 송전설비의 사고대책

⚡ 송전설비의 뇌해대책

'뇌해대책'이라….
뇌해라고 하는구나. 번개가 떨어지면 어떤 일이 일어나는 거야?

낙뢰라고 해서 '직격뢰'라는 이상 고전압이 발생해 대전류가 흐르게 돼.
그리고 '유도뢰(誘導雷)'라고 전선 가까이 번개가 있으면 이상전압이 유도되어버려. 이것들을 [서지]라고 해.
서지는 굉장히 높은 전압이기 때문에 **기계나 설비를 망가트리기도 하지!**

서지에 따라
애자의 표면에 전류가 흐르게 되어
(플래시오버)
애자가 파괴되는 경우가되 있습니다.

위 그림을 봐. 예를 들어 송전선에 낙뢰가 생기면 뇌격전류가 전선에서 철탑까지 흐르게 돼.
애자는 열로 파괴되어 버려!

애, 애, 애자가~! 으음… 뭐랄까. 비극적이야….
애자가 파괴되면 어떻게 되는 거야?
애자는 '전선과 철탑 사이를 절연하는' 역할을 할 텐데….

애자에 이상이 생기면 송전선이 철탑을 통해 대지와 접속하게 되지.
즉, 송전된 전기가 대지로 흘러가 버리게 되는 상태가 되는 거야!
그게 바로 '**지락**'이라는 송전사고야.

헉! 어렵게 만들어진 전기가 대지로 전부 누설되다니!
애자가 파괴되면 송전이 안 되니까 보수를 해야겠네.

번개의 위험을 알았으니 **뇌해대책** 4가지를 소개할게.
첫 번째는 [① 아크 혼]이야.
서지로 인한 파괴를 막기 위해 애자 단자에 아크 혼이라고 하는 금속판을 설치해. 그래서 아크 혼의 방향 때문에 애자에 큰 전류가 흘러들어가는 것을 막을 수 있지.

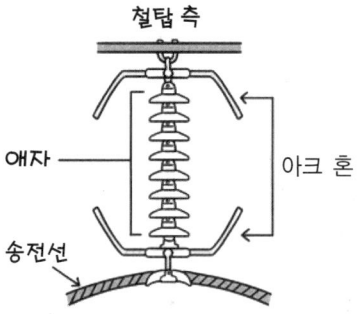

이 금속판이 애자를 지켜주는구나!!

그럼 다음으로 넘어가서 서지는 애자 외에 변전소 변압기나 설비도 파괴해버려. 그것을 방지하기 위해 필요한 것이 [② 피뢰기]야!
보호하고자 하는 기기에 설치해 놓으면 이상전압을 대지에 흘려보내지. 피뢰기는 주로 전주나 철탑에도 있고, 변전소의 기기에도 설치되어 있어.

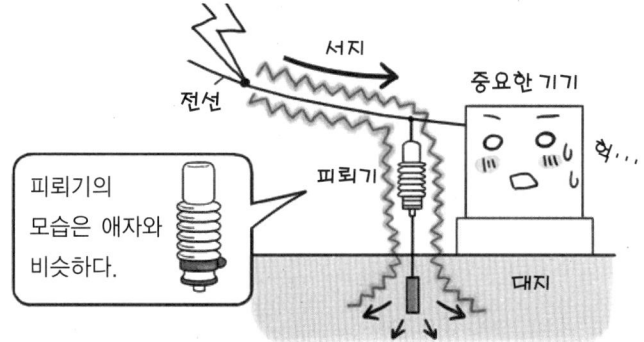

믿음직한 피뢰기! 다양한 장소에서 활약하고 있구나.

[③ 가공지선]은 이미 설명했었지?(p.99 참조)
단, 여기에 덧붙이자면
'③ 가공지선'도 '② 피뢰기'도 반드시 '접지(어스)' 해야 해.

뭐…? 어스라고? 어스는 지구나 대지라는 의미 아니야?

맞아. 사실 **접지**는 '전기기기의 외함이나, 회로의 어느 부분'과 '대지'를 전선 등으로 이어 접지해두는 거야(접지는 p.138에서도 설명되어 있음).

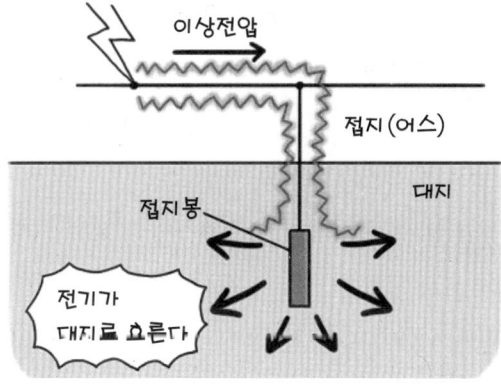

접지공사는 지중에 '접지봉', 이른바 금속봉을 넣는 것을 말한다. 철탑 자체가 그 역할을 할 수도 있다.

위 그림을 봐. 이렇게 접지되면 **이상전압이 흐르는 길이 새로 확보**되어서 감전을 방지할 수 있고 위급한 상황에서도 안심할 수 있어.

마지막 [④ **접지공사**]는 대지에 전류를 쉽게 흘려보내기 위해 바른 접지공사를 해야 한다는 거야.

흠, '피뢰기'도 '가공지선'도 바르게 접지되어 있어야만 효과를 발휘할 수 있기 때문이지?

응. 그 밖에도 '고압 계통의 기기'나 '변압기' 등에도 접지공사가 필요해.
(접지공사의 종류에 대해서는 P.139에서 설명)

'번개의 이상전압을 흘려보내기 위해서는 대지에 맡긴다.'라는 말이네.
좋아! 뇌해대책은 모두 이해했어. 번개, 어디한번 덤벼보시지!

제3장 송 전

⚡ 송전설비의 착설대책

다음은 '착설대책'인가?
착설이란 눈이 송전선에 내려앉는 걸 말하는 거야?

그렇지. 송전선에 쌓인 눈은 처음에는 윗부분에 옅게 쌓이지만
이것이 쌓이면서 점점 커지게 되고…
결국 송전선의 주위가 눈이나 얼음으로 뒤덮이게 돼!

눈이 호시탐탐 커지려고 하는구나!
그렇지만 여유롭게 봄에 눈이 녹는 것을 기다리면 되잖아. 여유롭게….

아냐, 아냐. 호설지대도 있고 눈을 대수롭지 않게 생각하면 안돼.
눈이 쌓이는 것을 방치하게 되면 전선이 끊어져버리는… 즉, **단선**되는 경우도 있어. 또 단선되지 않는다고 해도 닿아 있는 다른 전선에 접촉되어 '**단락**'[※] 사고가 발생하기도 하지.
※ 원래 경로가 아닌 짧은 경로로 전기가 접촉되어버려 쇼트되는 현상을 말한다.

음…? 왜 눈 때문에 다른 전선과 접촉되는 거야?

눈이 쌓여 있는 전선에 바람이 불면 흔들흔들 공진되어 전선이 추처럼 **크게 흔들리게** 되는데 이것을 [**갤러핑 현상**]이라고 해. 또, 눈이 떨어지게 되면 그 반동으로 전선이 **튕겨** 올라가는 [**슬리트 점프현상**]도 있어.
이런 현상으로 인해 생각치 못한 접촉이나 사고가 일어나게 돼.

그렇구나. 전선이 흔들리거나 튕겨 올라가면 큰일이네.
그렇다면 여유 부릴 게 아니라 빨리 대책을 알아보자.

그래. 첫 번째는 [① 난착설링]이야.
전선에 쌓인 눈은 비스듬하게 회전하면서 미끄러지게 되지. 이 링을 사용하면 눈이 비스듬하게 이동하는 것을 막을 수 있어서 자연스럽게 눈이 아래로 떨어지게 되는거야.

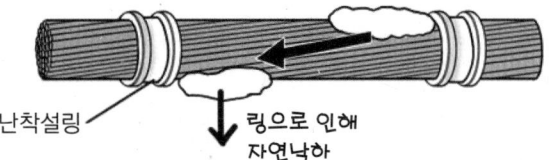

다음은 [② SB 댐퍼]야.
눈이 쌓이면 전선이 꼬여 열화의 원인이 되거든.
전선에 추를 달아 꼬임과 진동이 생기지 않도록 하는 거야.

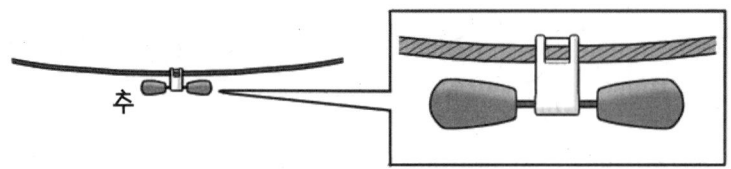

잊어서는 안 될 [③ 스페이서].
전선 사이에 스페이서를 삽입함으로써 전선 사이의 간격을 확보할 수 있어.
이것으로 갤러핑이나 슬리트 점프가 발생했을 때 단락사고를 방지해.

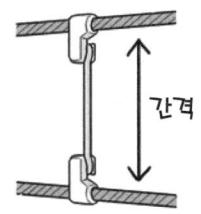

마지막으로 [④ 융설나선]이 있어.
전선에 감아두면 와전류에 의해 열이 발생하여 눈이나 얼음을 녹일 수 있지.

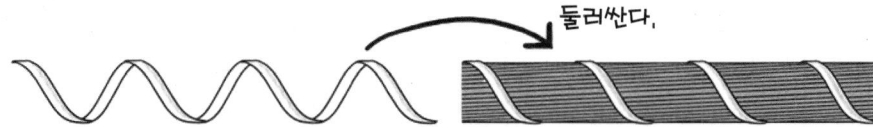

오오! 눈사람도 놀랄 4가지 착설대책이었어!

제3장 송 전

⚡ 송전설비의 염해대책

 마지막은 '염해대책'이지?
바다와 가까운 장소에 송전선이나 변전소를 설치하면 염분을 포함한 비바람을 맞게 되면서 **설비가 열화되기 쉬워지는 것** 같아. 이것을 염해라고 부른다고 했지. 알고 있다고…!

 그, 그래.
특히 염분에 의해 **애자의 '절연'성능이 떨어지게 되면** 큰일이야. 염분은 그 자체로 전기가 통하는 것은 아니지만 물에 녹으면 전기가 통하게 되니까.

 역시…. 애자의 절연효과가 약해져 전기가 통과하기 쉬운 상태가 되면 큰일이네. 접지 등의 송전사고도 발생하겠어.

 그렇지. 지금부터는 이 5개의 염해대책을 소개할거야. 처음 3개는 애자에 관한 대책이야. 먼저, [① 애자절연강화]는 애자를 파워 업시키는 방법!
애자를 증결하거나 특수한 '장간애자'나 '내염애자'를 사용하는 것으로 절연 강화의 효과를 볼 수 있어.

 오호! 애자의 종류가 다양하구나.

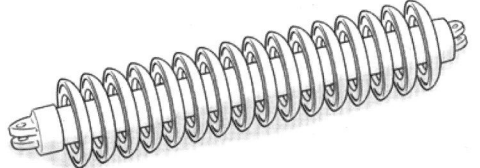

장간애자
중실(내부가 비어있지 않고 가득 차 있는 것)의 양 끝에 연결용 금속이 접착되어 있다.
몇 가지 봉을 연결해서 사용할 수 있다.

일반 애자 　　　　내염 애자

내염 애자
'내무 애자'라고도 한다.
일반 애자와 비교해 연면거리를 길게 하기 위해 주름을 깊이 한다.

다음은 [② 애자 세척].
정기적으로 송전운전을 정지하고 애자를 세척하여 절연성을 유지해.
활선상태(송전선에 전류가 흐르는 상태)에서 애자를 세척하는 방법도 있어.

그렇구나. 절연효과를 열화하기 위해서는 염분으로 애자가 더러워지지 않고 항상 표면을 반짝이는 상태로 두면 편하니까.

계속해서 [③ 발수성 도료의 사용].
애자의 표면에 **실리콘 콤파운드** 등의 발수성 물질을 칠하는 거야.
그렇게 하면 염분이 포함된 빗물은 아메바 작용으로 염분이 제거되지.

오오! 그렇게 되면 비오는 날도 두렵지 않겠네.
빗물을 통! 통! 튕겨 보내면 염분도 달라붙지 않을테고 말이야.

그 외에도 조금 변형된 대책이 있어.
[④ 설치기관의 은폐화]는 기계에 염분이 붙는 것을 방지하기 위해 변전설비 등을 **실내**와 **지하**에 두는 방법이야. 송전선도 지중케이블에 두면 해결이지.

음….
단순하긴 하네. 그러고 보니 이제까지 그런 발상은 없었어.
확실히 건물 안이면 염분이 섞이거나 비바람의 영향도 적었을 텐데.

[⑤ 설치장소의 변경]은 송전선이나 변전소의 설치장소를 변경하여 문제를 구체적으로 해결하는 방법이지! 바다와 가까운 곳은 포기!

맞아. 건설하기 전에 계획단계에서 고민하는 것도 중요해.
좋아. 염해대책은 쉽지 않았지만 이것으로 전부 배웠어.

송전설비의 사고대책 정리

뇌해대책

① 아크 혼···애자의 양 단자에 붙는 금속의 가지(섬락사고로부터 애자를 보호한다).
② 피뢰기···기기에 설치해 이상전압을 대지에 흘려보낸다(기기나 설비의 파괴를 막는다).
③ 가공지선···철탑 상판부에 설치하여 뇌해로부터 보호한다.
④ 접지공사···접지봉 등을 묻어두어 접지공사를 한다(이상전압을 대지에 흘려보낸다).

착설대책

① 난착설링···송전선에 링을 부착한다(눈이 자연낙하 한다).
② SB 댐퍼···송전선에 추를 설치한다(힘, 진동을 방지한다).
③ 스페이서···전선 사이에 삽입하여 전선 사이의 간격을 확보한다(전선 간의 접촉을 방지한다).
④ 융설나선···전선에 감는다(와전류에 의해 발생한 열로 눈이나 얼음을 녹인다).

염해대책

① 애자절연강화···애자를 증결하거나 특수한 애자를 사용한다(절연의 강화를 도모한다).
② 애자 세척 실시···애자를 세척한다(염분으로 인한 오염을 제거하고 절연성을 유지한다).
③ 발수성 도료의 사용···애자 표면에 발수성 물질을 칠한다(염분을 제거한다).
④ 설치기관의 차폐화···변전설비 등을 지하나 옥외에 설치한다(염분이 달라붙는 것을 막는다).
⑤ 설치장소의 변경···송전선이나 변전소를 바다 가까운 곳에 설치하지 않는다(문제를 근본적으로 해결한다).

'송전' 만이 아닌, '배전'에 있어서도 필요한 대책이 있다.
예를 들면, 전주의 전선(**배전선**)에도 **가공지선**이 있고, 배전에서도 **접지**가 중요하다.

너무 팽팽하게 당겨지면 필요없는 힘이 **철탑이나 전선 자체**에 가해져 버린다고!

그 결과 **철탑이 무너지거나 전선 자체가 단선**될 위험이 있어!!

그, 그렇구나…. 그럼 느슨한 편이 좋은 거네.

그런데 반대로! 너무 느슨하면

바람에 흔들림이 커져 전선이 단선되는 위험이 생겨!

또 송전선은 계절의 온도변화로 인해 길이가 변해….

여름에는 늘어나고 겨울에는 수축되니까 그것도 참고해야 해.

방금 전에 설명했듯이 겨울에는 전선에 **얼음이나 눈**이 붙어 전선이 무거워지는 것도 있고.

송전선! 의외로 까다로운 녀석이네….

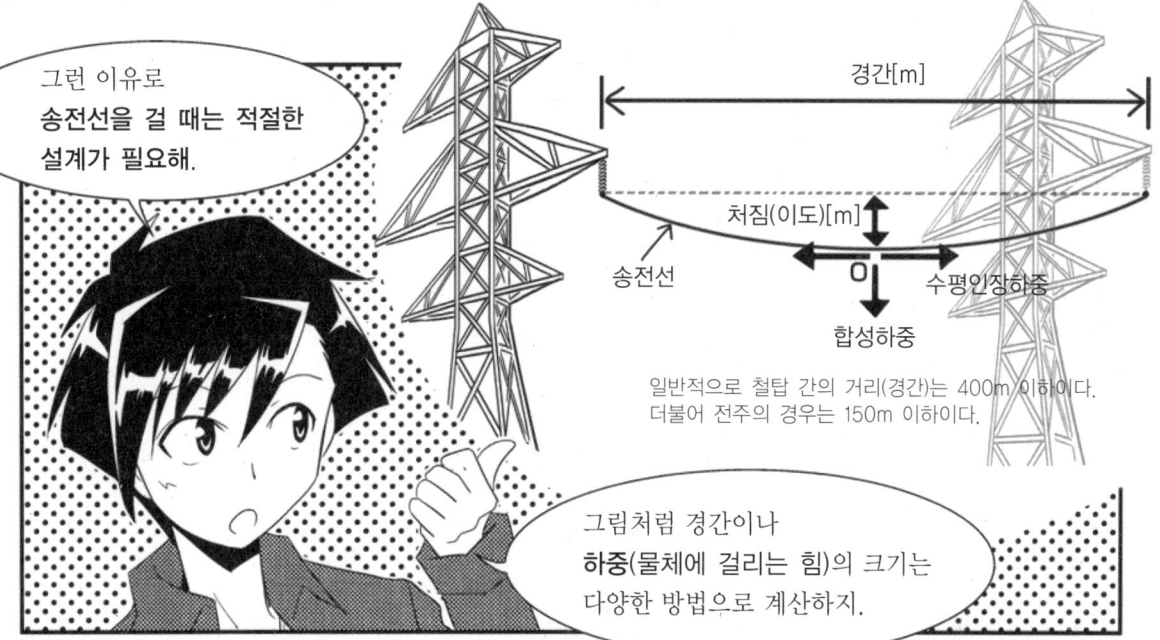

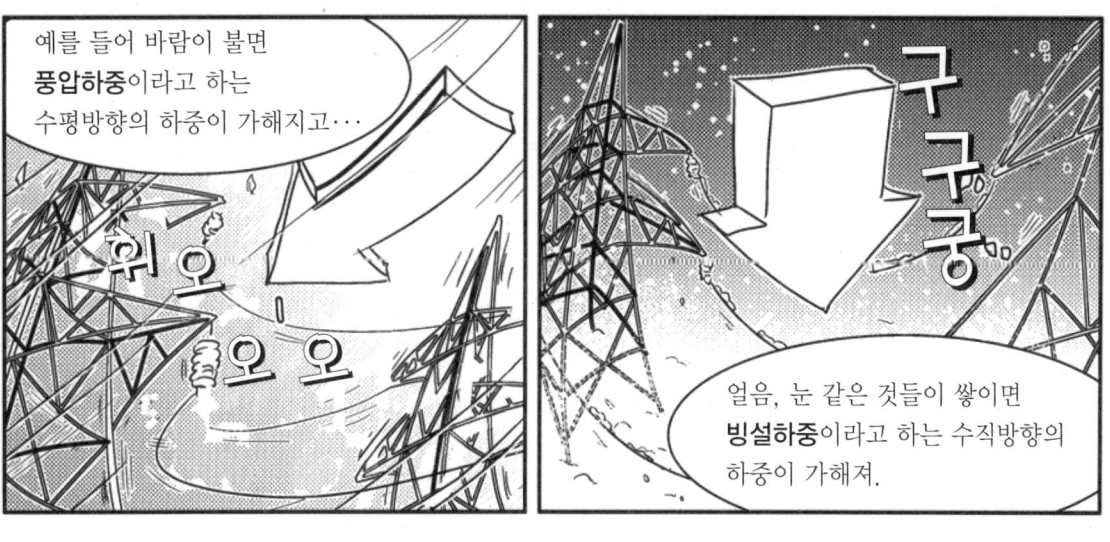

제3장 송 전

참새는 왜 감전되지 않을까?

 오늘은 여러 문제 단어들이 나왔어.
단선(p. 108 참조), 단락(p.108 참조), 접지(p.106 참조)인가.

 이와 같은 문제는 **철탑**에 걸린 송전선은 물론 전주에 걸린 **전선**(배전선)에서도 발생할 가능성이 있어.
또, 오늘 배운 것과 같이 자연재해가 원인이 아니라 곤충 같은 것들이 전선에 걸려서 **단락사고**가 발생하는 경우도 있어.

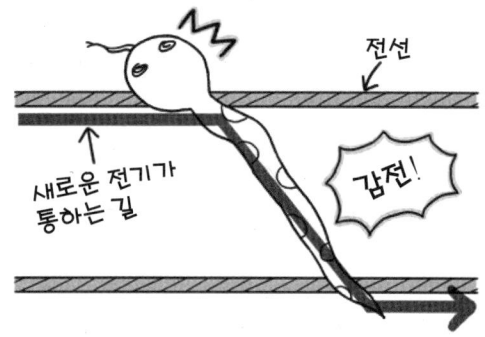

 오호. 뱀이 전선이 되어 버린 건가!
전선 사이가 생각보다 **짧아서** 연결되면⋯. 단락되어버리는 거네.

 응. **많은 전선** 사이에 동물의 몸이 걸리게 되면 '새로 전기가 통하는 길'이 생긴다는 점이 문제야. 불쌍하게도 뱀은 감전되어버리는 거고⋯.

 응? 그런데 참새는 전선에 앉아 있어도 감전되지 않잖아?
그건 왜 그러는 거야? 한 줄에만 머물렀기 때문인가?

 맞는 말이야. 오른쪽에 있는 그림을 봐봐.
'새의 왼쪽 다리 → 새의 몸통 → 새의 오른쪽 다리'라는 전기가 통하는 새로운 길이 생겼지만 이 '**새의 몸을 통과하는 길**'은 전선보다 압도적으로 **저항이** 크지. 다리 사이 전선의 저항이라고 해도 0에 가까우니까.

전기는 가장 흐르기 쉬운 루트 즉, 저항이 작은 길로 흘러. 그래서 전기는 '새의 몸을 통과하는 길'을 무시하고 전선의 방향으로 흐르게 되는 거야. 그래서 새에게는 전류가 거의 흐르지 않아 감전되지 않는 거지!

 으음. 1개의 전선에 머물렀을 때에는 [새의 몸을 통과하는 길] 보다도 저항이 적은 루트가 있기 때문에 새가 살아남을 수 있었던 거군.

 그렇지. 그렇지만 2개의 전선에 머무르게 되면 [새의 몸을 통과하는 길] 이외에 **길은 없어!** 같은 전선을 잇는 다른 길은 없잖아?
그러니까 새의 저항이 높아도 전류가 흐르게 되는 거지.
뭐… 참새의 크기를 생각하면 두 개의 전선에 머무는 것이 말이 안 되지만….

새가 1개의 전선에 머무는 경우	새가 2개의 전선에 머무는 경우
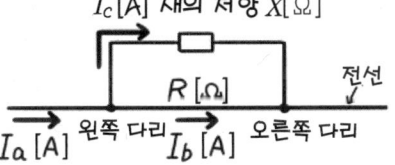 '새의 몸을 통과하는 길' 그리고 '전선'	 '새의 몸을 통과하는 길' 이외에, 루트가 없다.
이것을 회로도로 나타내면 I_c[A] 새의 저항 X[Ω] R [Ω] 전선 I_a[A] 왼쪽 다리 I_b[A] 오른쪽 다리 다리 사이 전선의 저항을 R이라고 하면 $I_c = \dfrac{R}{R+X} I_a$ [A] ← 병렬회로의 계산 R은 저항이 0[Ω]에 가까운 값이기 때문에 $I_c = \dfrac{0}{0+X} \times I_a = 0$ [A] 이 되고 전류가 흐르지 않는다. 따라서 새는 감전되지 않는다.	이것을 회로도로 나타내면 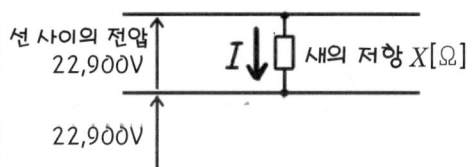 선 사이의 전압 22,900V / 22,900V / I↓ 새의 저항 X[Ω] ※배전선이라고 생각해 전압 22,900V로 하였다. 새의 저항을 1,000[Ω]으로 하면 새에게 흐르는 전류는 $I = \dfrac{V}{X} = \dfrac{22,900}{1,000} = 22.9$ [A] 가 되고 전류가 흐른다. 따라서 새가 감전 된다.

 그렇구나. '전기가 통과하는 길'을 이해하는 것이 중요한 거구나.
전선을 만져 스릴감을 즐길 때에도 주의가 필요하군!

 저기요…. 시내의 배전선은 대부분 **절연전선**으로 전기가 통하기 어려운 물질로 덮여 있지만 그래도 위험하다는 사실은 변하지 않아. 어쨌든 절대로 전선을 만지면 안돼. 전선은 사진을 찍기 위해 있는 거라고!

3. 변전소의 구성

⚡ 변전소에 있는 기기·설비

그런데 말이야. 전부터 생각했던 건데

'변전소'를 설명할 때 이런 마크가 자주 나왔잖아?

(p.41, p.96 참조)

역시 변전소에는 이런 로봇이 있는 거구나!!?

없어!!

이것은 변전소의 [변압기]를 닮은 거야!

그리고 변전소 안에는 변압기 이외에도 다양한 설비가 있다구!

변전로봇 변압기

변전소의 다양한 설비

변압기···전압을 변성한다(전압을 올리는 것을 승압, 내리는 것을 강압이라고 한다).
차단기···전로에 이상전압 또는 과전류가 흐르면 전로를 차단한다.
단로기···송전장치를 점검할 때, 전기적인 단절을 위해 이용하는 스위치이다.
피뢰기···이상전압이 내습되면 대지로 방류시켜 변전소의 기기를 보호한다.

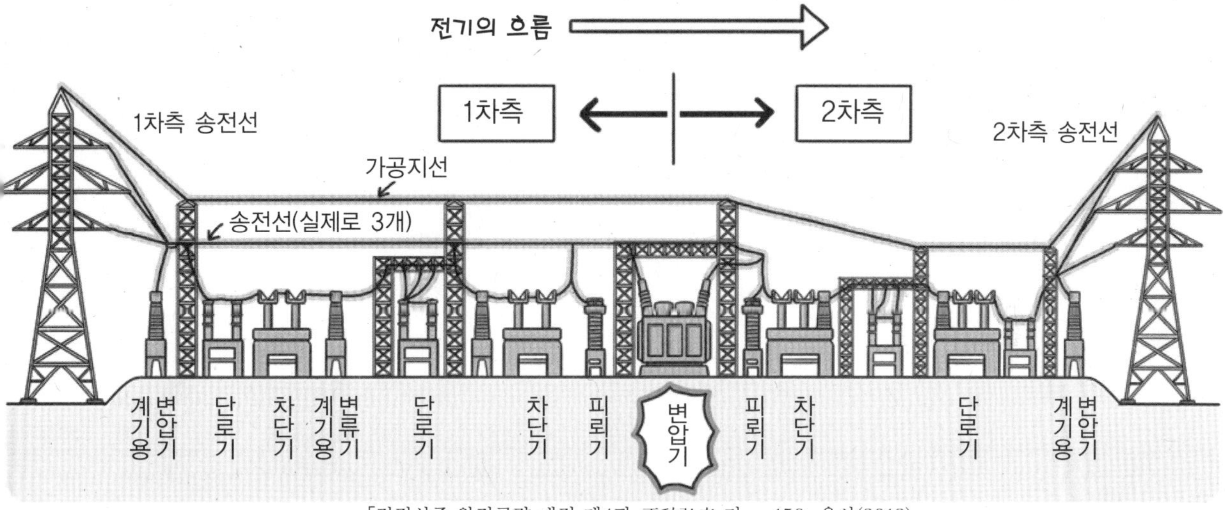

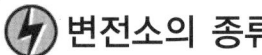 변전소의 종류

 근데, [**초고압 변전소**], [**1차 변전소**], [**중간 변전소**], [**배전 변전소**] 등 몇 개의 친숙한 변전소가 있지만 너무 복잡해서 귀찮아.

 아, 그렇다면 아래 전력시스템의 그림을 보면 **변전소의 역할과 그 차이**를 알 게 될 거야. 앞에서 본 그림(p.41 참조)과 대체로 비슷하지만 지금은 더욱 잘 이해할 수 있을 거야. 각각의 변전소에 주목해보자.

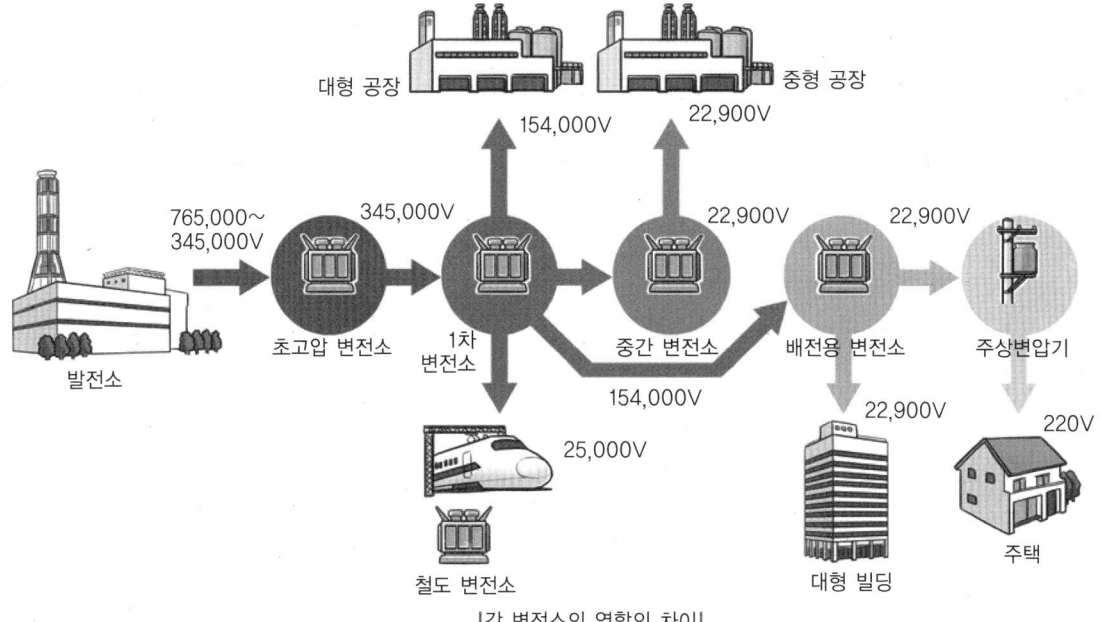

|각 변전소의 역할의 차이|

 오~! 차이가 훤히 보이잖아.
[**초고압 변전소**]는 발전소에서 가장 가깝고, 취급하는 전압도 가장 센 고압이고, [**1차 변전소·중간 변전소**]는 큰 공장이나 철도에도 직접 전기를 분배하고 있네. [**배전용 변전소**]는 주택에서도 가장 가깝고, 취급하는 전압은 가장 낮은 전압이야.

 바로 그거야! 각각 변전소의 역할을 이해하는 것이 중요하지!
그럼, 잘 정리된 것 같으니까 [**송전**] 공부는 이쯤에서 마무리 하는 것으로 하자.

플로 업

◆ 직류송전

전력의 송전방법으로 '교류'만을 떠올리겠지만 '직류'로 인한 송전방식도 존재하고 있다.
이것을 [**직류송전**] 혹은 **HVDC**(High-Voltage Direct Current transmission)라고 부른다.
교류에는 인덕턴스나 대지정전용량에 기인한 전압변동이 생기거나 또는 동기가 필요하다는 **단점**이 있지만 직류를 이용하게 되면 이 점이 해결된다.
물론 대부분의 전력계통은 교류인 것부터 **계통연계**(지역별로 접속한 연락선의 역할)설비로서 설치한다.
통상적으로 직류와 교류의 교환에는 사이리스터를 이용한 '**타여식 전력변환설비**'가 사용된다. 타여식은 장치가 동작하기 위해서 외부의 전원이 필요하며, 출력 주파수는 전원과 같아진다.
반대로, **자여식**은 임의의 주파수를 출력할 수 있다.
직류 부분은 '케이블 송전구간'이나 '가공송전구간'이 있으며, 케이블 송전구간의 경우 유침지의 솔리드케이블을 이용한다.

직류송전은 일본에서는 아래와 같은 장소에서 되고 있다. 이런 **직류송전을 이용한 목적도 다양하다.** 다음 페이지의 그림에서 대략적인 위치관계도 확인해보자.

직류 송전방식의 장·단점

장점
① 서로 다른 주파수로 비동기 송전할 수 있다.
② 리액턴스가 없어 계통의 안정도가 문제없어 도체의 허용전류한도껏 송전할 수 있다.
③ 절연비가 저감되며 코로나 임계전압이 높아져서 코로나에 유리하다.
④ 충전전류가 없어 유체손이나 연피손이 없고 페란티 현상이 없다.
⑤ 단락용량 및 지락용량이 적어 계통을 확충시킬 수 있다.

단점
① 전압변성이 어렵고 교직변환장치가 필요하다.
② 대용량의 무효전력 공급이 필요하다.
③ 고전압 대전류 차단이 어려워 직류 전용차단기가 필요하다.

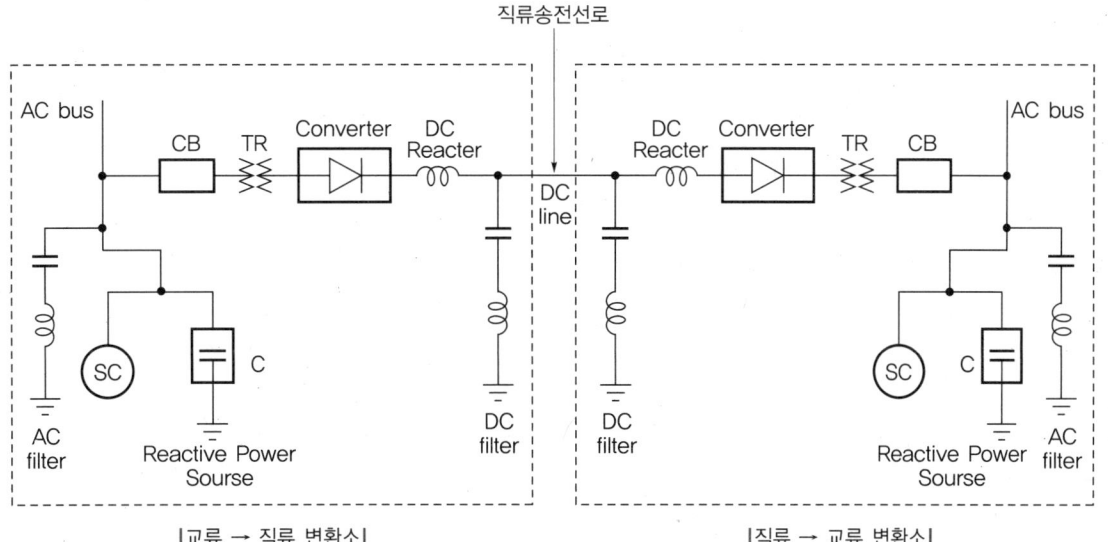

제3장 송 전

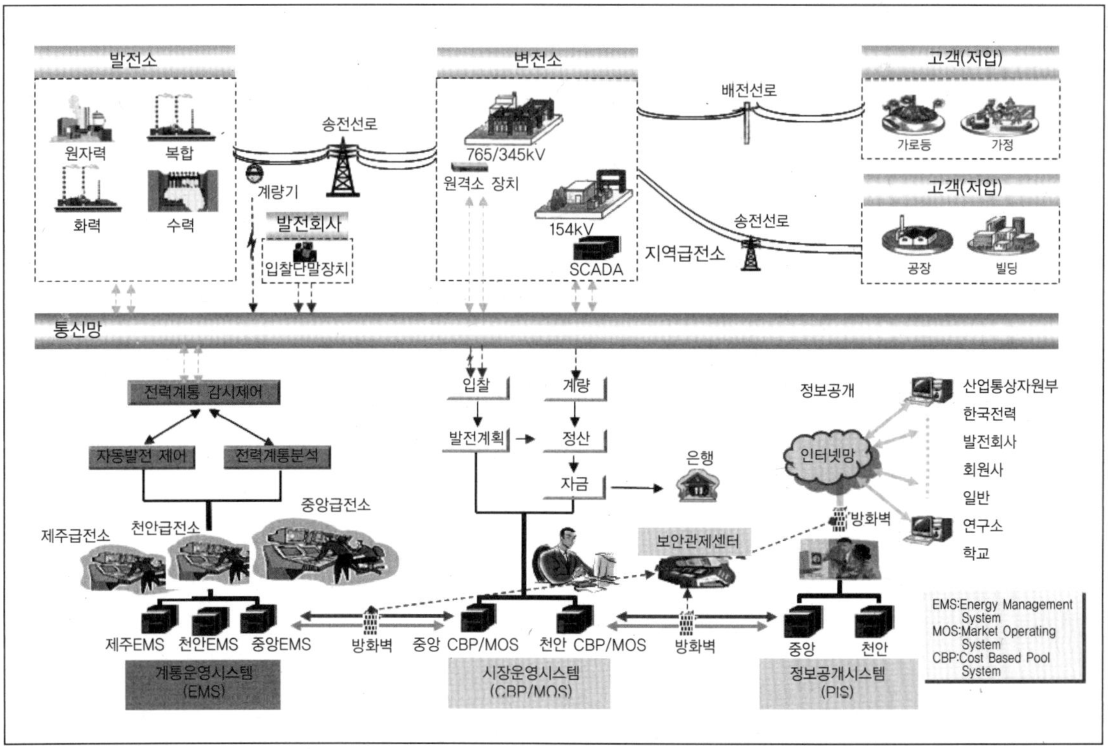

◆ 님비문제

설비의 필요성은 인정하지만 인근에 존재하는 것을 반대하는 주민이나 그 움직임을 의미하는 용어로 [**님비**]라는 단어가 알려져 있다.

님비(NIMBY)는 'Not In My Back Yard(내 뒷마당에서는 안 돼)' 라는 뜻이다.

다른 명칭으로는 '미혹시설, 혐오시설, 기피시설' 등으로 인식되고 있다.
일반적으로는 하수처리장, 매장시설, 장례식장, 형무소 등이 해당된다.
미국에서는 문제시되는 경우가 많지만 한국도 지역 주민들과의 마찰이 심한 경우도 있다.

발전, 송전설비로서는 발전소, 송전철탑, 댐, 핵처리시설 등이 있다.
생활에 있어 없어서는 안 될 시설들이지만 꼭 내 주위에 있을 필요는 없으며, 더불어 손해를 끼친다는 이미지가 있다는 점이 공통점이다.

◆ 이도의 계산에 대해

오늘은 송전선의 처짐에 대해 배웠지(p.115 참조). 마지막 보너스로 그 이도의 계산에 대해 소개해 줄게. 전선의 이도는 이런 계산을 기준으로 한 거야.

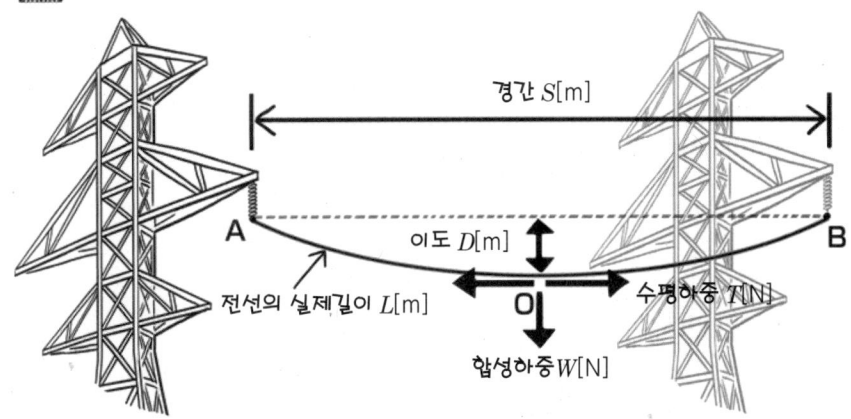

■ 이도 D를 구하는 식

위 그림과 같이 송전선(배전선)이 AB의 양 지점에 고저차가 없이 같은 높이이다. 이때, 전선의 이도 D는 '수평신 AB'의 '전선의 최저점(가장 늘어져있는 점) O'의 거리이다. 그리고 이도 D는 다음의 식으로 표시한다.

$$D = \frac{WS^2}{8T} \text{[m]}$$

W : 전선 1m당 풍압하중을 포함한 합성하중[N]
T : 전선의 수평방향의 인장하중(장력)[N]
S : 경간(전선의 지점 사이의 거리)[m]
※ N(뉴턴)은 힘의 크기를 나타내는 단위이다.

■ 전선의 실제길이 L을 구하는 식

선의 실제 길이 L은, 경간 S, 이도 D를 이용해 다음의 식으로 나타낸다.

$$L = S + \frac{8D^2}{3S} \text{[m]}$$

제3장 송 전 **127**

제 4 장
배 전

1. 배전방식

⚡ 배전과 변압기

으음… 그러니까 배전이라고 하면 [배전용 변전소에 보내진 전기를 **각 가정이나 공장 등에 분배, 공급하는 것**]이었지.

(p.10 참조)

그래, 맞아.

그럼 바로 밖에 있는 전주를 볼까.

응? 전주?

전주 위쪽에 바구니 같은 것이 있지?

저건 **주상변압기**라고 하는데 중요한 역할을 하고 있어.

변압기…는 **전압을 확 바꿔주는** 거지!

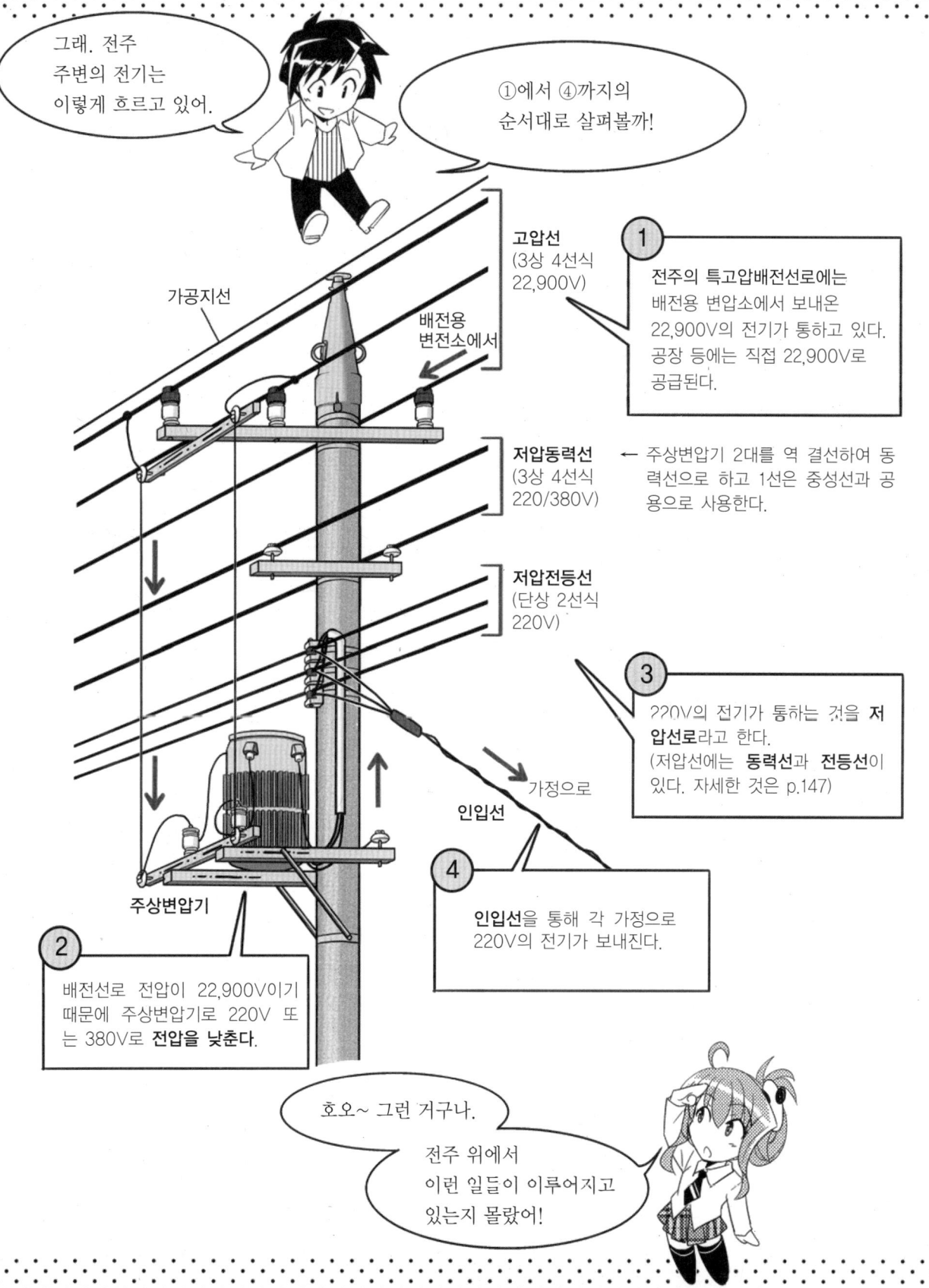

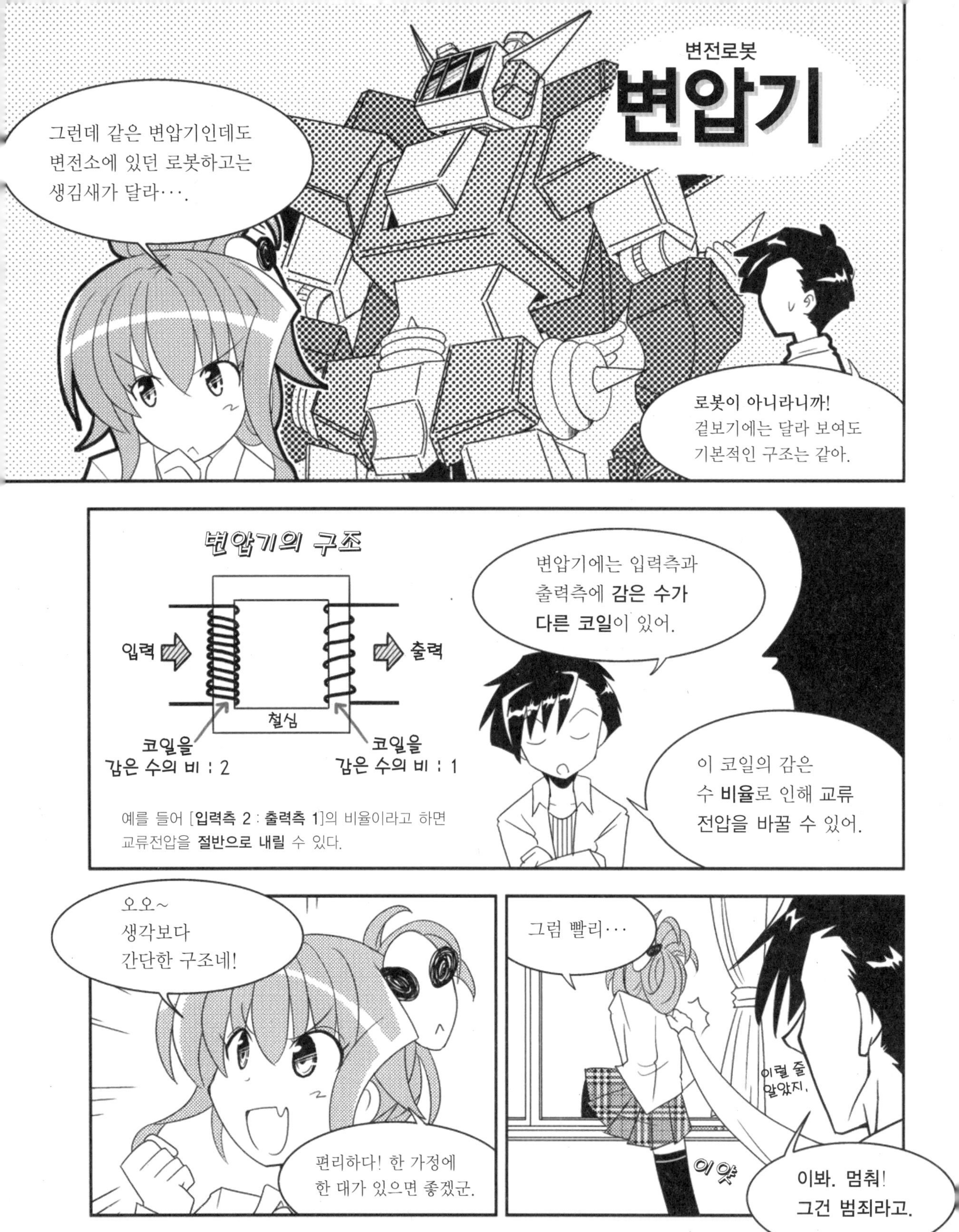

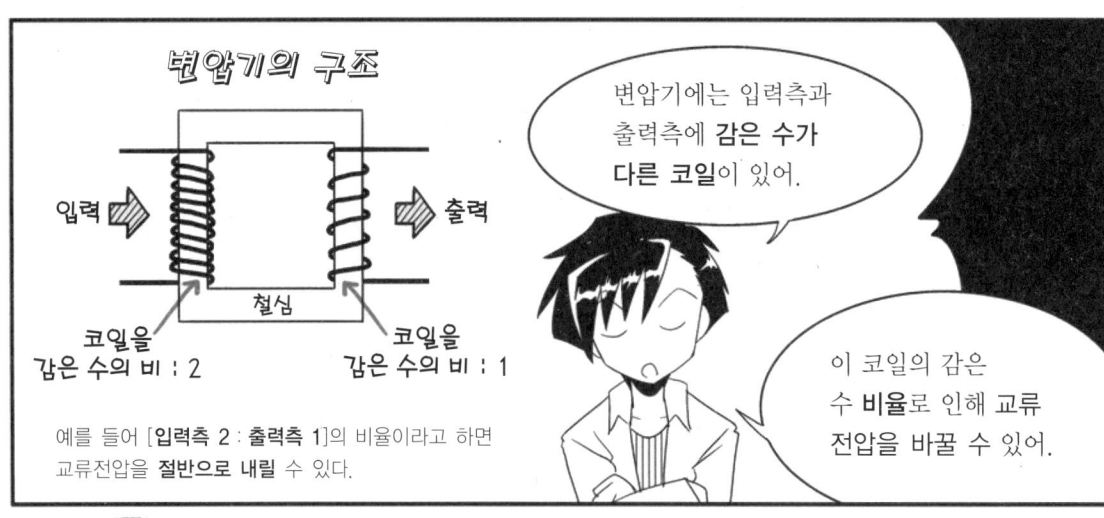

변전로봇 변압기

그런데 같은 변압기인데도 변전소에 있던 로봇하고는 생김새가 달라….

로봇이 아니라니까! 겉보기에는 달라 보여도 기본적인 구조는 같아.

변압기의 구조

입력 ➡ 　　　 ➡ 출력
철심
코일을 감은 수의 비 : 2　　　코일을 감은 수의 비 : 1

예를 들어 [**입력측 2 : 출력측 1**]의 비율이라고 하면 교류전압을 **절반**으로 내릴 수 있다.

변압기에는 입력측과 출력측에 **감은 수가 다른 코일**이 있어.

이 코일의 감은 수 **비율**로 인해 교류 전압을 바꿀 수 있어.

오오~ 생각보다 간단한 구조네!

편리하다! 한 가정에 한 대가 있으면 좋겠군.

그럼 빨리…

이럴 줄 알았지.

이봐. 멈춰! 그건 범죄라고.

일반가정의 배전방식

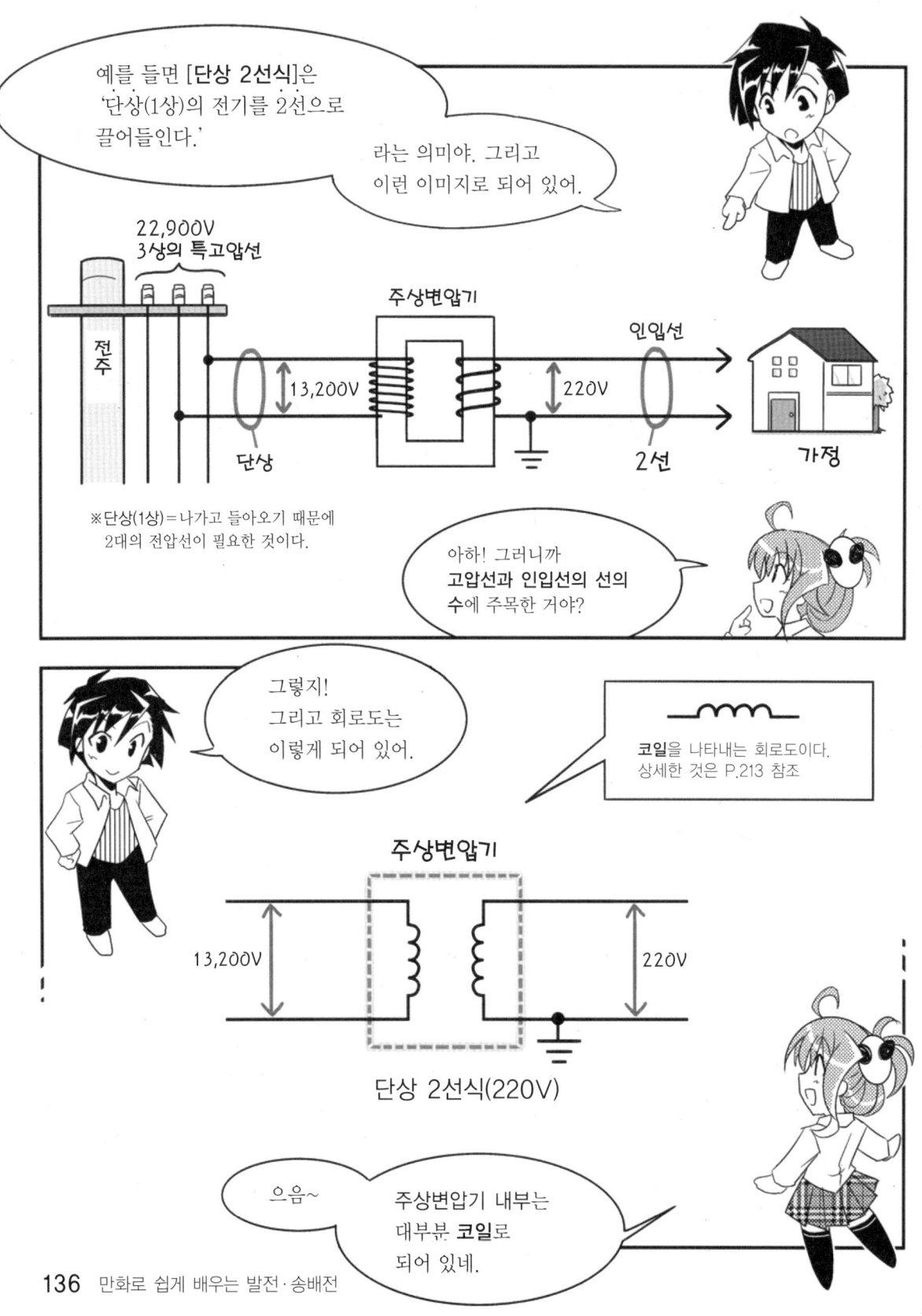

지금은 사용하지 않지만 또 다른 하나는 [단상 3선식]

3선!

13,200V

220V
220V
440V 주목

단상 3선식(110/220V)

단상(1상)의 전기를 3선에서 끌어쓰고 있어.

응? 조금 이상한 점이 있는데…

'단상 2선식'이면 220V뿐이었는데 '단상 3선식'이면 440V도 있어?

잘 찾아냈어!

220V의 전압이 필요하다면 배전방식은 '단상 2선식'으로 해야 해!

220V 380V 중요!

콘센트 ?

사실 배전방법에 따라 **가정의 콘센트로 얻을 수 있는 전압이** 달라져.

이것에 대해서는 뒤에서 설명할게.

⚡ 접지공사의 종류

아래 표와 같이 접지공사에는 4종류가 있어.
전압의 크기나 **설비의 개소**로 인해 종류가 나뉘어져.
※저압·고압·특고압이라고 하는 전압의 크기의 구분에 대해서는 P.145에서 설명한다.

앞에서 배전에 나온 피뢰기(p.106 참조) 등은 '제1종 접지공사', 가정의 세탁기 등은 전압이 낮기 때문에 '제3종 접지공사', 그리고 지금 배운 **중성선**이나 **변압기**에 관련된 것은 '제2종 접지공사' 구나.
흠. 접지공사도 다양하네.

종류	내용과 규정
제1종 접지공사	고압·특고압 계통 기관의 외관 또는 철대의 접지, 피뢰기 등에 적용. 접지저항 10Ω 이하.
제2종 접지공사	고압 또는 특고압과 저압을 공급하는 **변압기의 저압측** 중성점(중성점이 없는 경우에는 저압측의 1단자) 등에 적용. 대지전압을 150V로 억제
제3종 접지공사	400V 이하 저압기기의 외함 또는 철대의 접지 등에 적용. 접지저항 100Ω 이하(동작시간 0.5초 이하의 차단기를 설치하는 경우 500Ω)
특별제3종 접지공사	**400V를 초과하는** 계통기기의 외함 또는 철대의 접지, 세탁기 등에 적용. 접지저항 10Ω 이하(동작시간 0.5초 이하의 차단기를 설치하는 경우 500Ω)

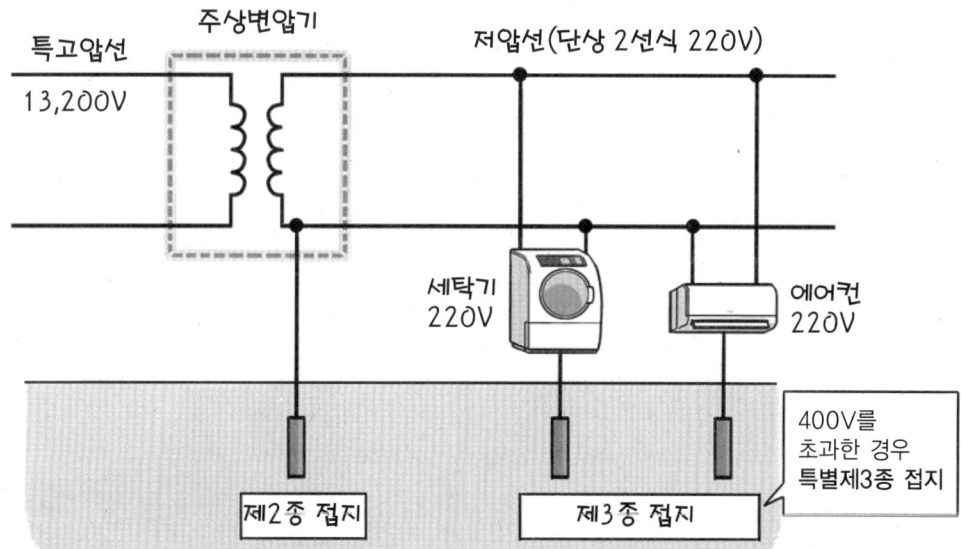

배전방식의 종류

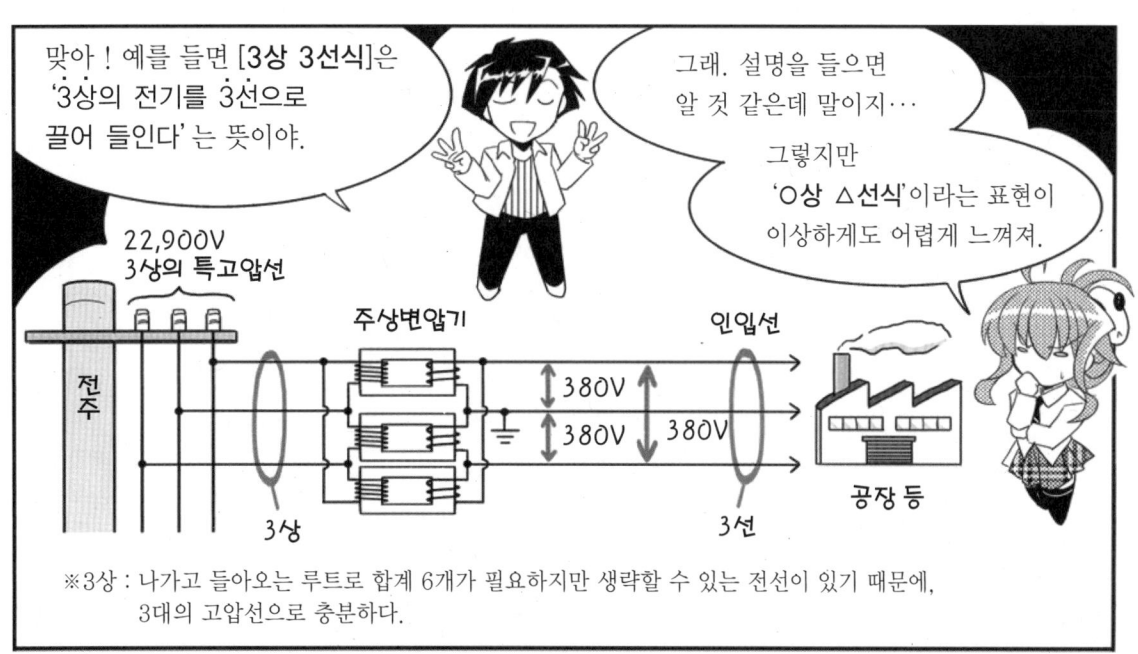

⚡ 공장이나 건물의 배전방식

 그럼 바로 [**3상 3선식**]을 소개할게.
이것은 **공장** 등의 **동력(모터)**을 사용하는 장소에서 자주 사용되고 있는 배전방식이야.

 그러고 보니 이전에 '공장에서 사용되고 있던 **모터를 작동하지 않고 3상 교류방법을 이용하고 있다.**'라고 했었던 것 같아(p.39 참조).

 잘 기억하고 있네. 맞아!
그리고 3상 교류회로의 경우에는 변압기의 **결선방식**(전선의 접속의 방법)에도 몇 가지 종류가 있어. 차례대로 알아볼까?

3상 3선식 (△ 결선, Y 결선)

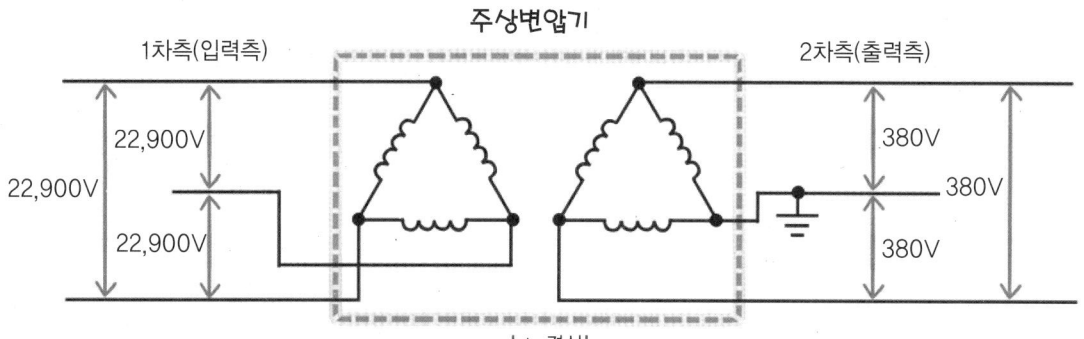

위 그림에서 변압기의 '1차측(입력측)', '2차측(출력측)'의 방향을 그렸다.
이후로는 '2차측(출력측)'만 그림에서 소개하고 있다.

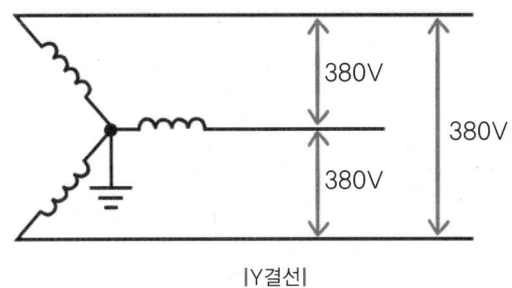

|Y결선|

우선 **3상 3선식**의 '△(델타) **결선**'과 'Y(스타, 와이) **결선**'의 2가지 결선방식이야. 양쪽 모두 3상 변압기 1개 혹은 단상 변압기 3개를 사용해서 결선을 해. **공장 모터의 전원**으로는 이 [3상 3선식(△ 결선, Y 결선)]이 가장 많이 이용되고 있어.
전압은 220V로 사용되고 있는 것이 많아.

3상 3선식(V 결선)

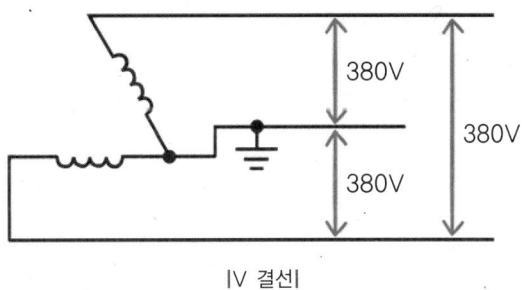

|V 결선|

3상 3선식의 'V(브이) **결선**'은 방금 전의 △ 결선과 Y 결선에 비해 출력이 57.7%, 변압기 용량에 비해 이용률이 86.6%로 **효율이 좋지 않아**.

단, V 결선은 단상 변압기를 2대밖에 필요로 하지 않는 결선방식이야.
그래서 △ 결선을 사용 시 변압기 3대 중 1대가 고장나도 V 결선으로 하면 나머지 2대로 3상 배전을 계속할 수 있어.

음~ V 결선은 다소 효율이 떨어지지만 그런 이점이 있네.
그리고 **각각 결선 형태가 △, Y, V의 문자 형태**로 되어 있으니까 알아두어야겠어.

3상 4선식

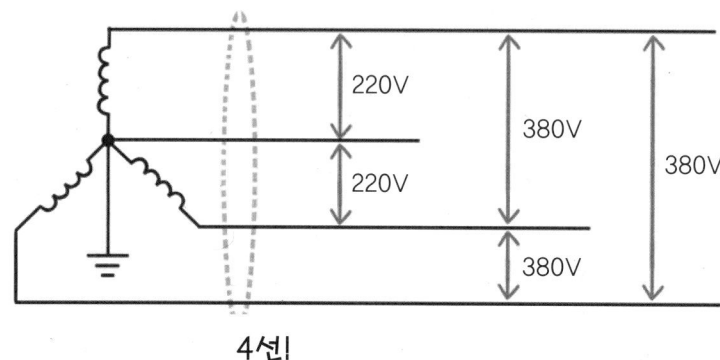

4선!

자, '3상 3선식'에 대한 설명도 마쳤으니….
다음은 [**3상 4선식**]을 소개할게.

4선이라….
확실히 위의 그림을 봐도 3상의 전기인데 **4개의 선**이 있다는 걸 알 수 있어.

응. 이 4개로 **전등**과 **동력** 양쪽에 공급할 수 있어.
그리고 전압은 **220V**, **380V**로 사용되는 경우가 많아.
대형 공장이나 건물에서 사용할 때는 380V를 **동력**용, 220V를 **전등**용(형광등이나 소형기계)으로 사용이 분리될 수 있어. 우선 고압으로 끌어들여 건물 안에서 변압기로 3상 4선식으로 배전하고 있지.

오호! **전등**과 **동력** 양쪽 다!
동시에 그렇게 사용할 수 있다는 것은 꽤 편리한 것 같아.
380V와 220V라고 하면 220V를 사용할 때보다 굉장히 강력할 것 같아.

이렇게 해서 배전방식의 설명은 끝났어.
다양한 방식이 있지?

응. '일반 가정'과 '공장이나 빌딩'은 필요한 전기도 달라서 **각각의 배전방법**이 이용되고 있는 거구나.

⚡ 전압의 크기에 따른 분류

…'배전방식'의 설명은 마쳤지만 아직 [배전의 종류]에 대한 설명이 남아있어.

으음…. '배전'이라고 하면 **단순히 나눠준다**는 이미지만 있었는데, 꽤 심오한 것 같아.

와~ / 전기입니다.

뭐야 그 이미지는!? 가끔씩 네가 우주인이라는 걸 잊게 된다니까!

아, 아, 아, 아, 아직도 남아있다고!? 이제 알겠네. 그렇게 정신적으로 혼란을 주고 내 의욕을 0으로 만들 셈인 거지! 역시 지구인 비열하기 짝이 없구나!!

침착해. 우주인!

사실 **전압의 크기**에 따라 '배전의 종류'도 세 가지로 분류할 수 있어.

이 표처럼 말이지…

전압의 구분(교류의 경우)

저압	600V 이하
고압	600V 초과 7,000V 이하
특고압	7,000V 초과

[**저압배전**] [**고압배전**] [**특고압배전**]의 3종류로 구분할 수 있어.

제4장 배전

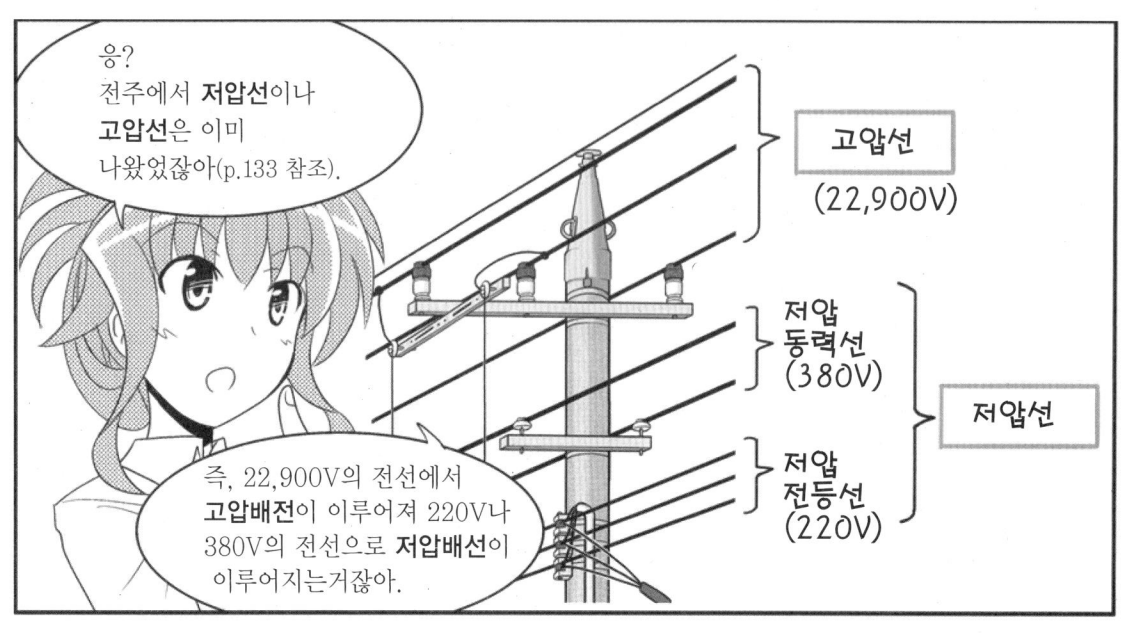

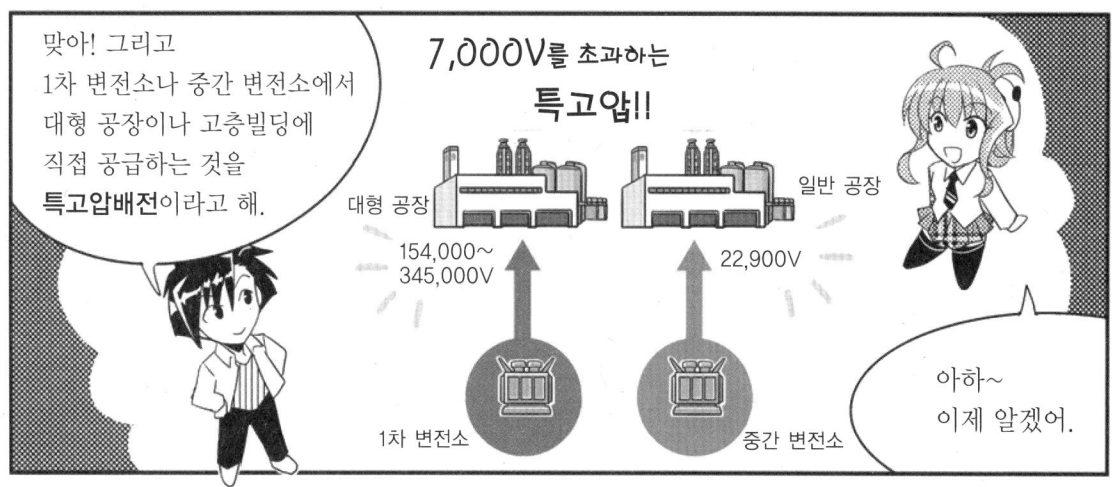

⚡ 저압배전, 고압배전, 특고압배전

| 저압배전 |

그럼 순서대로 설명할게!
저압배전에는 '22,900V' 특고압 주상변압기를 통하여
[단상 2선식 220V]와 [3상 4선식 380V]로 변환한 뒤 공급을 하고 있어.

'단상 3선식'은 예전에 많이 사용하였으나 지금은 사용하지 않고 모두 단상 2선식으로 공급하고 있지.
'3상 4선식' 380V/220V는 **동력**용(모터)으로 하며 소규모 공장 전용이야.

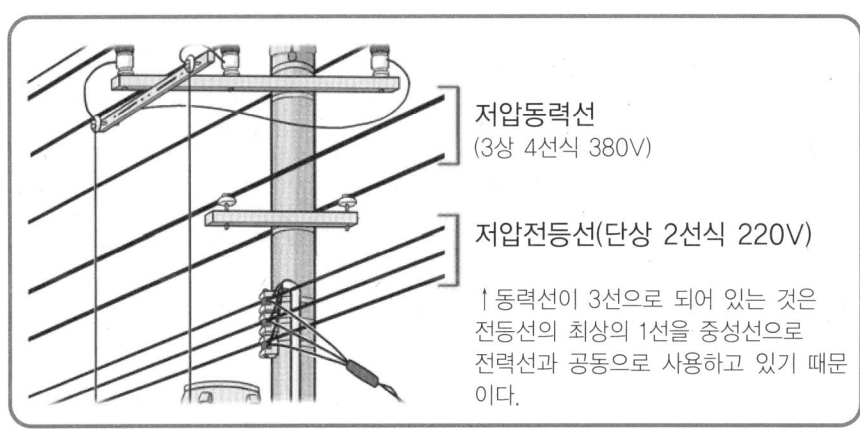

저압동력선
(3상 4선식 380V)

저압전등선(단상 2선식 220V)

↑동력선이 3선으로 되어 있는 것은 전등선의 최상의 1선을 중성선으로 전력선과 공동으로 사용하고 있기 때문이다.

역시! 처음 나온 [**저압동력선**], [**저압전등선**]은 각각 그런 의미였구나.
(P.133 참조).
일반 가정과 가장 관계가 깊은 것은 **저압전등선**이라는 거네.

고압배전

고압배전에는 전주의 특고압선인 3상 4선식 22,900V가 쓰여.
또, 고압배전의 **공급방법**으로는 [**방사선식**]과 [**환상선식**]이 있어.

공급방법이라고? 또 귀찮을 것 같은 단어가 나왔네.

공급방법은 흔히 '전선의 경로'나 '전선을 펼치는 방법'을 말해.
이미지화시켜 보면 알 수 있을 거야. 자, 이것 봐!

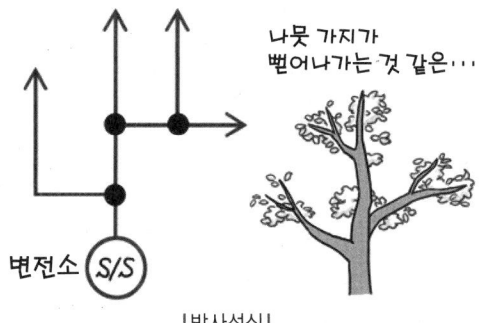

|방사선식|

- **장점**은 여유롭게 수요증가에 대응할 수 있다는 것이다. 고장난 부분의 분리가 간편하고 비용이 저렴하다는 점이다.
- **단점**은 다른 방법보다 전압손실·전압변동이 커 신뢰도가 낮다는 점이다.

음~ [**방사선식**]은 전선이 나뭇가지처럼 방사선으로 설치하는 모양이네.
나뭇가지 같아.

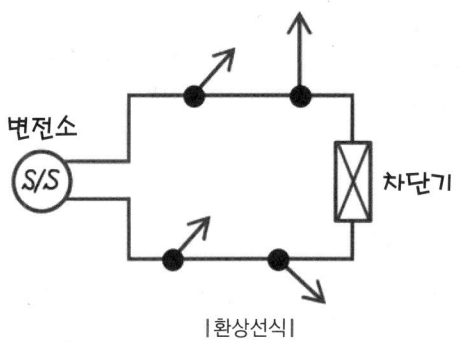

|환상선식|

- **장점**은 전압강하·전압손실이 적으며 부분적으로 고장이 생겨도 전력공급이 가능하다는 점이다.
- **단점**은 신뢰도가 높지만 보호가 복잡하다는 점이다.

반면 [**환상선식**]은 1개의 변전소에서 2회선의 배전선을 루프모양으로 접속한 거야. 어딘가 고장이 나도 역방향으로 돌리면 전기를 공급할 수 있어!
그래서 도시의 부하밀도가 큰 지역에 적합하지.

특고압배전

특고압배전은 전력수요증대에 대응하기 위해 만들어진 방식으로 3상 4선식 22,900V나 154,000V가 필요해. 공급방법은 나뭇가지식이나 루프식 이외에 [**스폿 네트워크식**]과 [**레귤러 네트워크식**]이 있어.

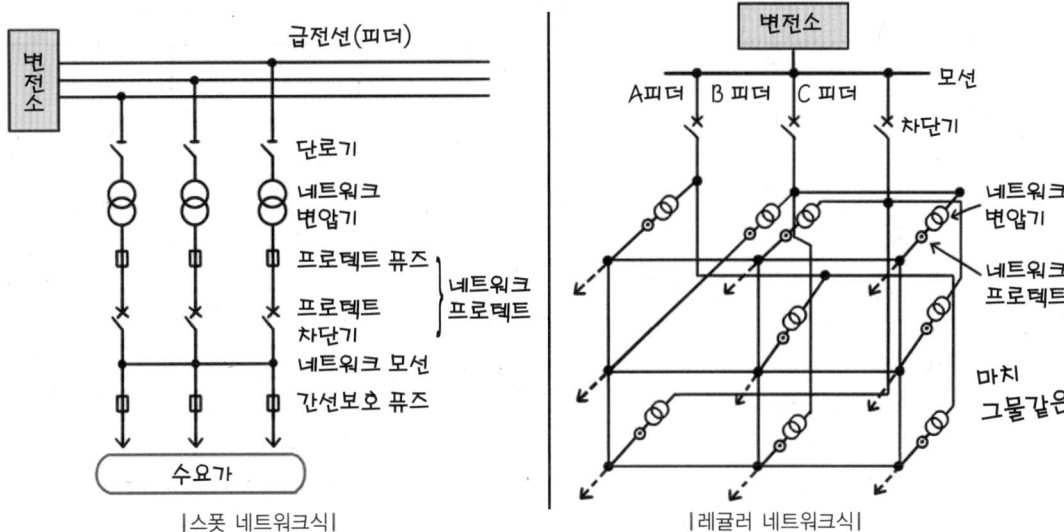

| 스폿 네트워크식 | 레귤러 네트워크식 |

> 장점과 단점은 2가지 방식이 같다.
> • **장점**은 1회선이 고장나도 다른 회선을 이용해 전력공급이 가능하다는 점이다.
> • **단점**은 건설비가 비싸다는 점!

[**스폿 네트워크식**]은 대형빌딩 등의 대규모 수요가 1곳에 해당 돼.
변전소에서 2~3회선의 배전선(=급전선, 피더)에서 전기를 받아 변압기의 2차측(출력측)을 나열하는 방법이야. 2회선이기 때문에 절대 정전되지 않는 시설에 적합하지.

[**레귤러 네트워크식**]은 부하밀도가 큰 대도시 번화가 등의 지역에 일반 저압수요가를 대상으로 하고 있어. 변전소에서 2~3회선의 배전선(=급전선, 피더)에서 전기를 받아 **그물망**같은 배전간선에 공급하는 방법이지. 그물에 둘러싸인 느낌이야.

'스폿'은 스포트라이트같이 특정 점이라는 의미로 대규모 수요가 1곳에서 쓸 수 있도록 되어 있고, '레귤러'는 지역을 넓게 커버하는 거쟎아. 다 이해했어!

제4장 배 전

2. 가정 내 전기의 흐름

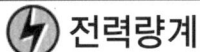 전력량계

그, 그럼 실제로 살펴보고 넘어가볼까.

[전력량계]는 이름 그대로 전력량을 측정하는 장치야.

원판에 주목!

전기를 사용하고 있을 때는 이 **원판이 회전**※하기 때문에 그 횟수를 기준으로 **소비전력이 측정**돼.

그럼 이게 망가지면 전기세를 내지 않아도 되는 건가···

안돼!

전기세는 커녕 수리비만 더 나오겠다!

※원판이 회전하는 원리는 P.169에서 상세히 설명

탐정 승호. 이것은 그거지?

'전기 미터기가 돌아가고 있어··· 집에 있으면서 없는 척' 하고 있는 거야. 그거지! 드라마에서 봤어!

그래, 맞아. 맞는 말이긴 한데··· 내가 없을 때 TV를 대체 얼마나 본 거야.

다른 할 일은 없니?

⚡ 분전반

① **전류제한기**
(암페어 브레이커)
전력회사와 **계약**된 것 이상으로 전기를 사용했을 때, 자동적으로 전기가 멈춘다.

② **누전차단기**
(누전브레이커)
누전이 발생했을 때 바로 이상을 감지하여 자동으로 전기를 차단한다.

③ **분기회로용 차단기**
(배선용 차단기)
옥내의 배선은 몇 가지의 회로로 나뉘어져 있다. 각각의 분기회로에서 **일정 이상의 전류**(일반적으로 20A)가 흐르면 자동적으로 회로를 차단한다.

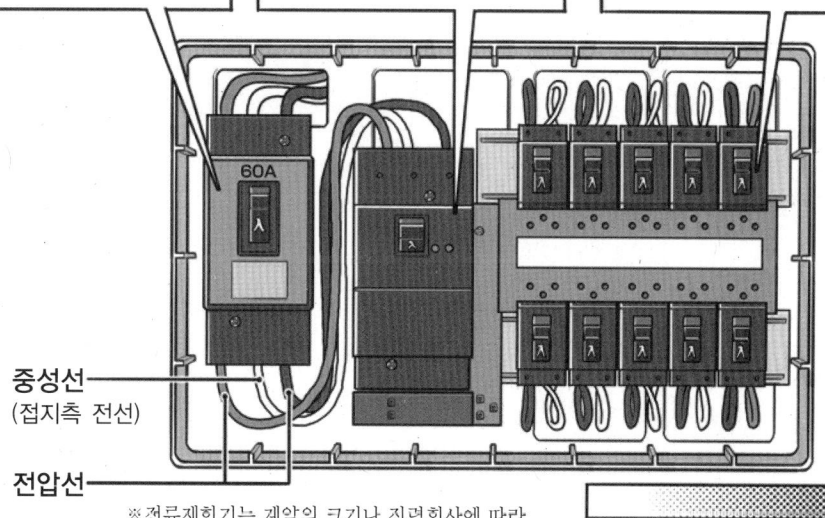

중성선
(접지측 전선)

전압선

※전류제한기는 계약의 크기나 전력회사에 따라 장착하지 않는 경우도 있다.

다음 페이지에서 더욱 상세하게 설명한다.

제4장 배 전 153

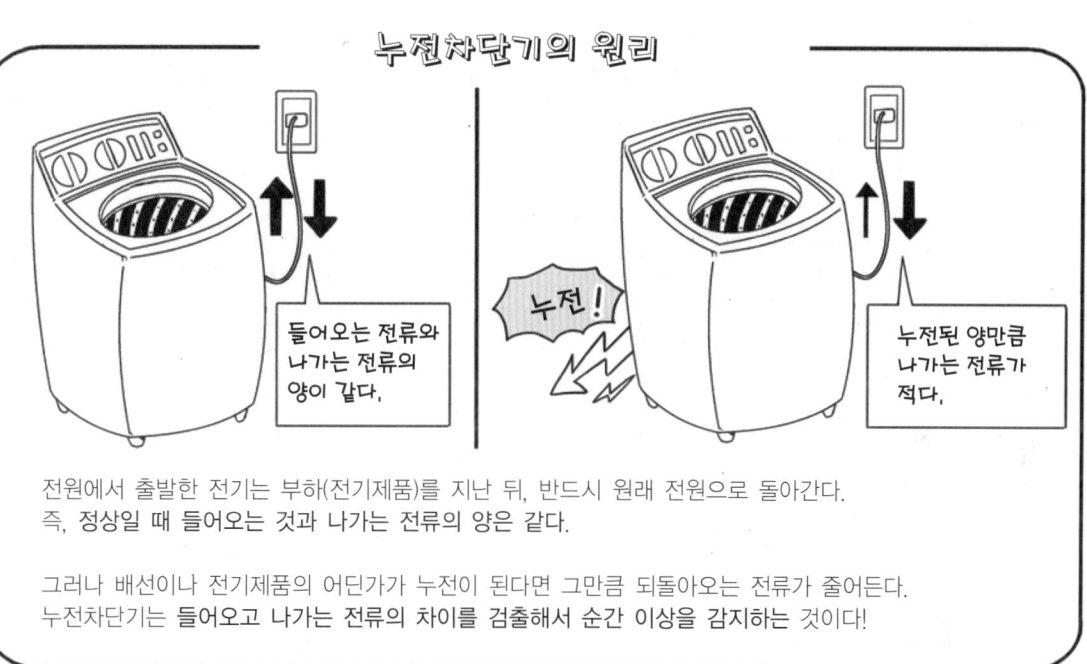

전원에서 출발한 전기는 부하(전기제품)를 지난 뒤, 반드시 원래 전원으로 돌아간다.
즉, 정상일 때 들어오는 것과 나가는 전류의 양은 같다.

그러나 배선이나 전기제품의 어딘가가 누전이 된다면 그만큼 되돌아오는 전류가 줄어든다.
누전차단기는 들어오고 나가는 전류의 차이를 검출해서 순간 이상을 감지하는 것이다!

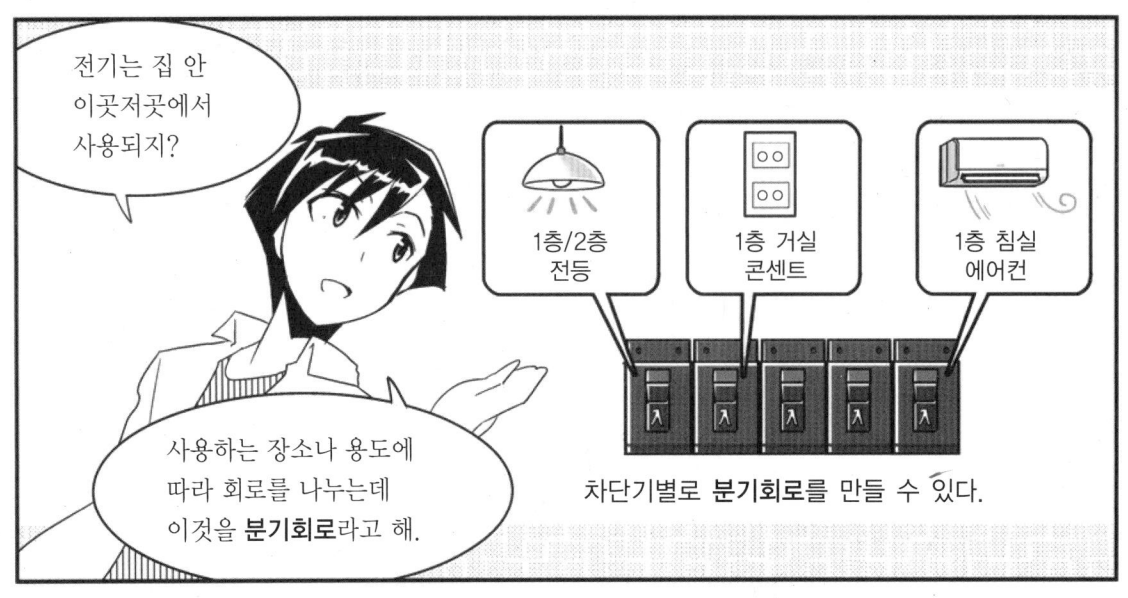

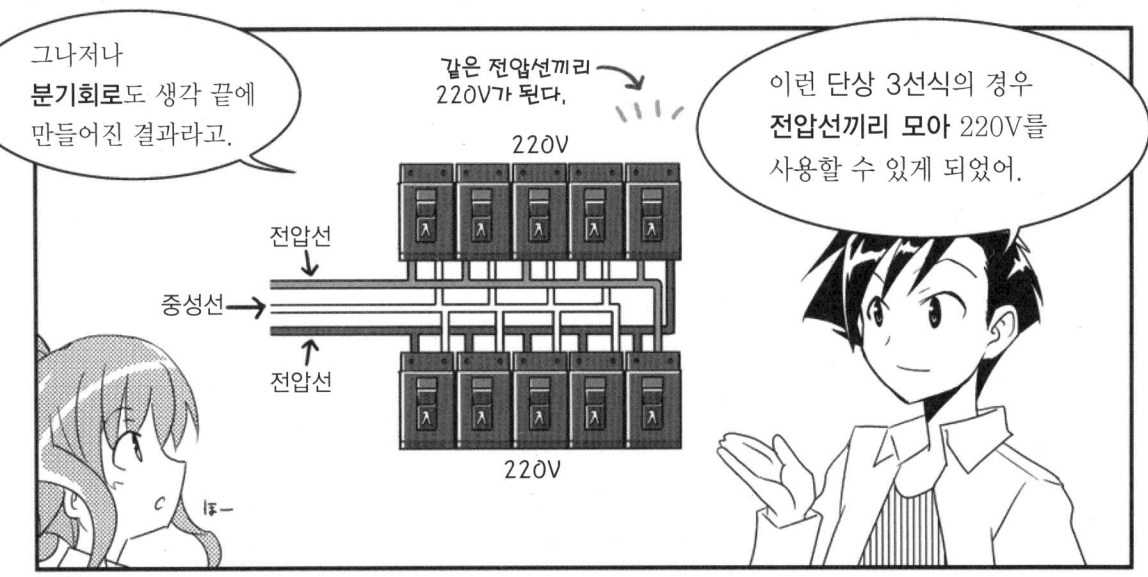

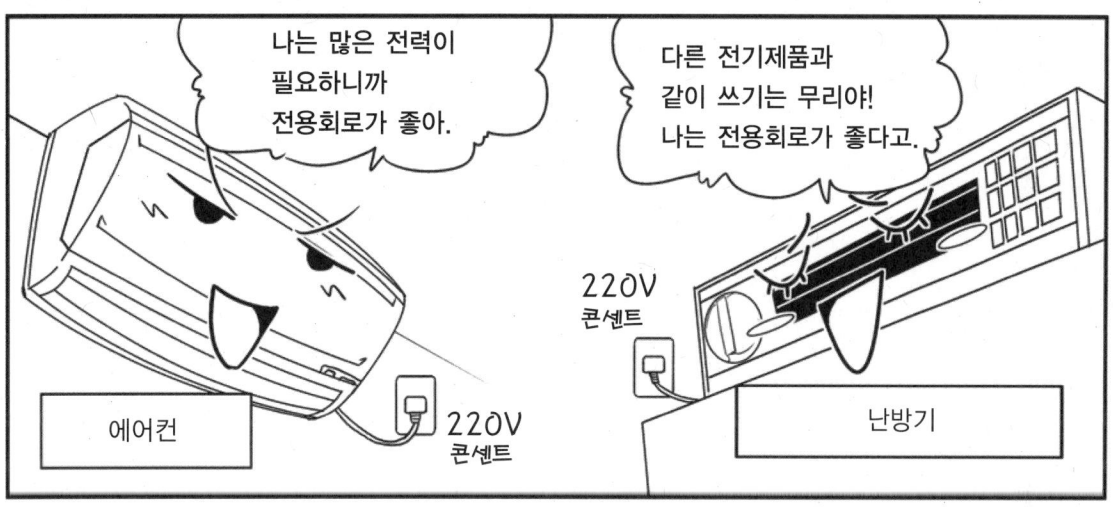

3. 콘센트

⚡ 110V, 220V의 콘센트

몇 번 이야기했듯이 '단상 2선식'과 '단상 3선식'에서 **얻을 수 있는 전압**이 달라.

정리해보면 이렇게 돼.

우리나라의 전등선로 전압이 110V이었는데 1976년부터 220V로 승압하면서 110/220V 단상 3선식을 사용했어. 1996년부터는 220V 단상 2선식으로 단일화 되었어

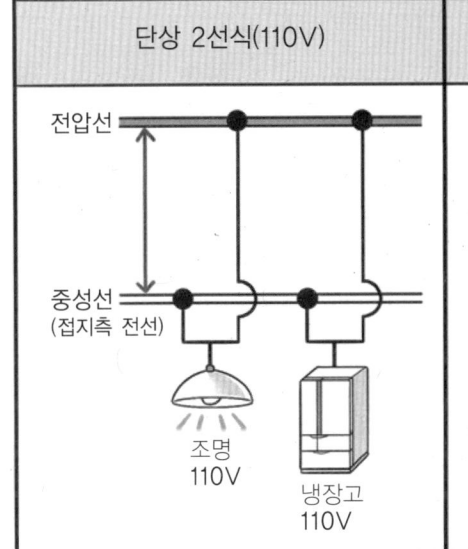

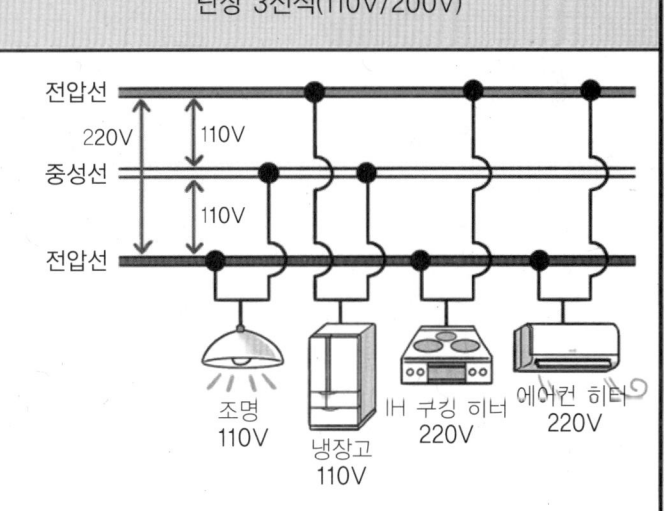

중성선과 **전압선**을 어떻게 취급하는지에 따라 ···

110V와 220V를 얻을 수 있는 거였지.
(P.137, P.156 참조)

좋아!!
이 완벽한 기억력!

아직 이야기가 조금 남아 있어. 110V와 220V는 콘센트의 형태도 달라.

제4장 배 전　159

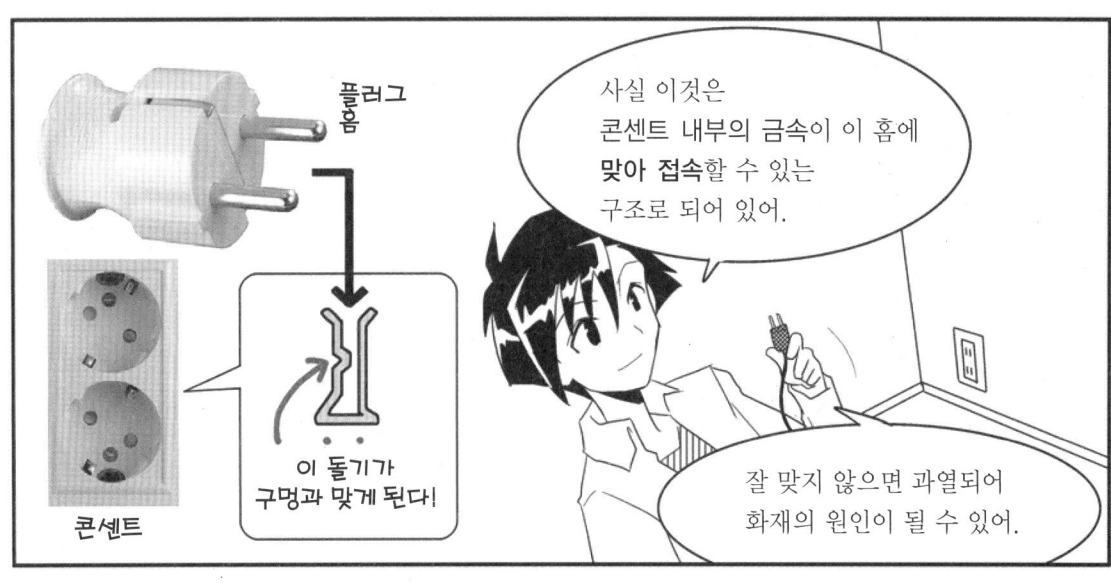

⚡ 세계의 콘센트

 그럼 이쯤에서 세계의 콘센트도 소개할게.
봐봐! 세계에는 이렇게 **다양한 콘센트** 플러그 형태가 있어.

타입	A	B	C	B3	BF	SE	O
형태	▯▯	⊙⊙	⊙⊙	⊙⊙⊙	▭▭▭	⊙⊙⊙	⊙⊙

 한국에서는 어디를 가도 C, SE 형태로 된 것만 볼 수 있지? 그렇지만 해외는 달라. 예를 들어 일본은 A 형식을 사용하고 있어.

 외국에는 그림처럼 다양한 형태의 콘센트를 사용하고 있구나.
그렇지! 응!!?

 … 그럼 여기서 잠깐 한 가지 알아보자.
미나가 한국제 전기제품을 갖고 일본에 여행을 갔다고 하자. 그러면 콘센트 규격이 달라서 사용할 수 없어.

 왜지? 코드의 모양이 달라서 사용할 수 없는 건가?
싫어, 싫어. 나는 일본에서도 전기제품을 사용하고 싶단 말이야.

 자, 들어봐. 사실 한국과 일본은 확실히 **전압 차이가 있어.**
다음의 세계지도를 잘 살펴봐.

제4장 배 전

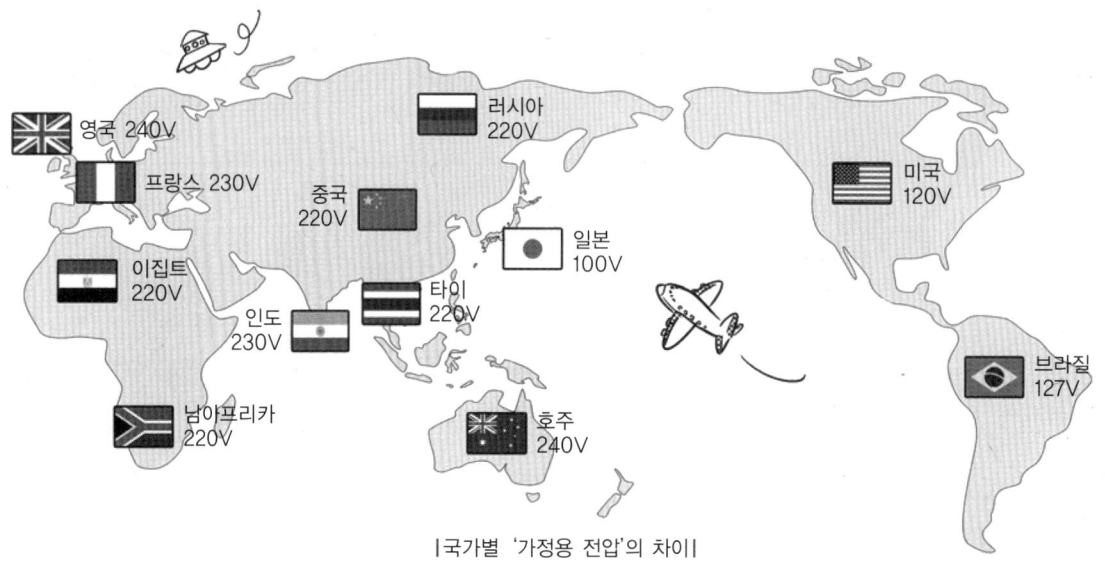

|국가별 '가정용 전압'의 차이|

어? 한국은 220V가 '**가정에서 사용하는 전압**'의 주류인데…
해외는 달라. 100V, 120V인 나라도 있고 다양하네.
다른 나라 밥솥을 구입해도 사용할 수 없겠어. 아깝다.

왜 하필 밥솥이야!??
뭐 어쨌든 타이, 중국 등은 우리 한국과 같은 220V를 사용하지만 콘센트 규격이 달라서 사용할 수 없어.
만약 무리해서 사용하면 고장이 나기도 하고 소손될 수도 있어.

일본이나 미국 등 전압이 다른 나라를 여행할 때는 어댑터가 필요하지. 만약 프리볼트용 전기제품일 경우 플러그에 어댑터만 바꾸면 사용할 수 있어.

아쉽지만 이 밥솥은 그렇지 않은 것 같아.
그래도 승호 노트북의 AC 어댑터에는 'INPUT : 100-240V, 50-60Hz'라고 쓰여 있어.
승호 녀석, 건방지네.

오~그래, 앞으로 해외에서도 사용할 수 있겠다.
그래도 플러그에서 어댑터까지 이어진 케이블이 100V까지 대응되지 않는 곳이 있기 때문에 잘 확인한 뒤 사용해야 해. 근데… 해외여행 예정이 없네.

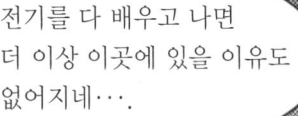

플로 업

◆ 전력량계

전기요금을 계산하기 위해서는 **사용한 전력량**을 측정할 필요가 있다.

그 때문에 각 가정이나 건물 등은 반드시 **전력량계**가 설치되어 있다. 조금 특이한 점은 건물 안 자동판매기(자동판매설치업자가 건물소유자에게 요금을 정산할 때 사용한다)에서도 볼 수 있다.

잠시 단위에 대해 생각해보자.

전력량의 단위는 원칙적으로 [W·h](와트아워)나 [W·s](와트 세컨드)이다.

단위의 구성에서부터 알 수 있듯 가전제품에 기록된 소비전력[W]과 시간[h 또는 s]의 곱을 계산한 총량이다. 식으로 나타내면 일반적으로 아래와 같다.

전력량 W[W·s]=전력 P[W]×시간 t[s]=전압 V[V]×전류 I[A]×시간 t[s]

전력 계통에서의 전압은 일정하기 때문에 전류의 양을 알면 전력량을 구할 수 있다.

그러나 이것은 실제 사용량과는 맞지 않기 때문에 [kWh](킬로와트아워)를 널리 사용하고 있다. 킬로와트[kW]는 와트[W]의 1,000배를 의미하며 1시간을 의미하는 아워[h]는 1초[s]의 3,600배를 나타낸다.

그 때문에 1[kWh] = 3,600,000[W·s]가 된다.

일반 가정용 전력량계는 교류의 유효전력(소비전력)을 계측하는 [**유도형 전력량계**]가 가장 많이 사용되고 있다. 유도형 전력량계는 '**아라고의 원판**'이 회전하는 것을 이용하여 원판의 회전수에 따라 전력을 적산하는 것으로 전력량을 수치화한다.

아라고의 원판이란 알루미늄이나 철과 같이 자석을 끌어당기지 않는 물질을 원판으로 하여 자석을 가까이 대어 회전시킴으로써 덩달아 원판이 회전하는 것이다.

개념도는 다음 페이지에 나타냈다.

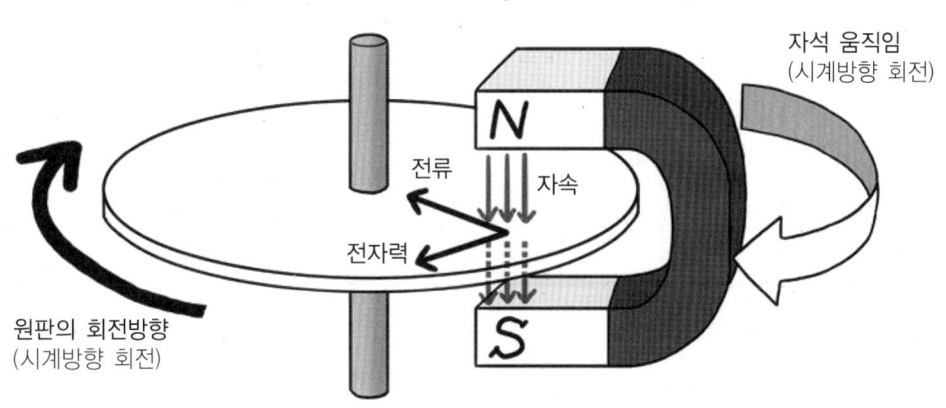

아라고의 원판 원리

1. 자석을 시계방향으로 돌림으로써 **자속**이 원판 위로 이동하여 자속이 원판을 가른다.
2. 플레밍의 오른손법칙에 의해 유도기전력이 발생하며 원판의 저항에 의해 **전류**(과전류)가 흐른다.
3. 플레밍의 왼손법칙에 의해 전류와 자석의 자속 사이에 **원판을 시계방향으로 당기는 전자력**이 생긴다.
4. 원판은 자석의 이동방향으로 회전한다.

전력량계에서는 자석 부분을 전자석으로 하여 이동자계를 만들 수 있다.

이것으로 자석을 이동시켜도 원판이 회전하는 것이다.

아날로그식의 원시적인 기구이지만 기계적·전기적으로도 강하고 장기간 안정하게 사용할 수 있다는 특징이 있다. 현재도 많이 사용되고 있다.

실제로 유도형 전력량계를 보면 오른쪽 그림과 같이 원판이 있다는 것을 알 수 있다.

전력 사용시에는 원판이 회전하는 모양도 확인할 수 있다.

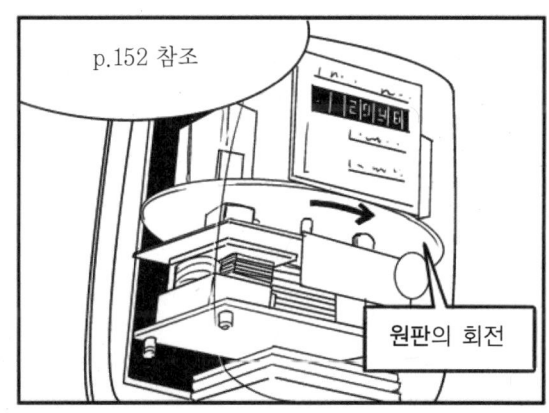

제4장 배 전

◆ 전자식 전력량계

　최근에는 회전원판을 사용한 유도형 전력량계가 아닌 [**전자식 전력량계**]를 주로 사용하고 있다.

　전자식 전력량계는 유효전력(소비전력)을 계측하는 것 뿐만 아니라 추가기능에 의해 '무효전력량, 최대수요전력, 평균역률' 등의 계측도 가능하게 되었다.

　이러한 다기능이 특징인데 유도형 전력량계와 비교하면 과전압, 기계적·전기적으로도 약하다는 결점이 있다. 그러나 지금은 공장이나 건물을 중심으로 많이 보급되어 있다.

　원리는 간단하나 순시전압과 순시전류의 계측값을 마이크로 컴퓨터 등을 이용하여 시간적으로 적산하고 있다.

전자식 전력량계는 수치도 **디지털로 표기**되어 있다.

◆ 스마트 미터

　[**스마트 미터**]란 전자식 전력량계에 **통신기능**이 추가된 것이다. 우리나라에서도 본격적인 도입이 이루어지고 있다.

　이제까지의 전력량계에서는 검침의 수고가 있었지만 무선통신 또는 전력선 반송통신에 이용되어 원격지에서도 검침이 가능하도록 되었다. 이 외에도 추가적인 기능으로 가정 내 전력사용 감시를 하는 것이 있다.

　전력수요조절이란 전력회사가 고객에 대해 Peek cut을 요구하는 구조이다.

　스마트 미터로 인해 전력사용량을 수시로 감시할 수 있다.

제 5 장
앞으로의 전력공급

1. 분산형 전원이란?

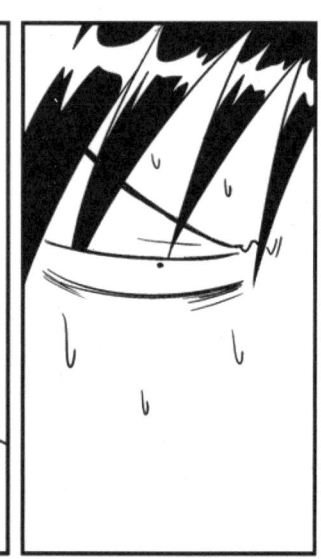

제5장 앞으로의 전력공급

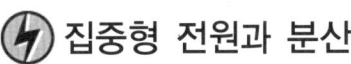

집중형 전원과 분산형 전원

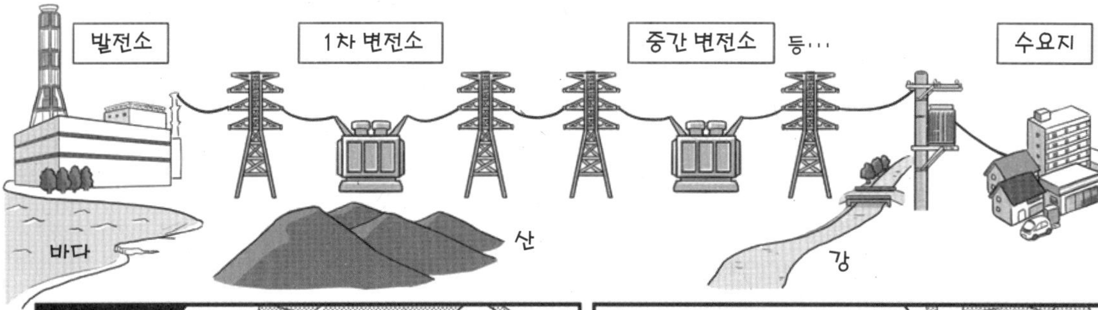

⚡ 분산형 전원의 특징, 전력의 자유화

그럼, 이쯤에서 조금 더 상세하게 [**분산형 전원**]에 대해 설명해볼까?
방금 전에는 '태양광발전'과 '풍력발전'만을 예로 들었지만 분산형 전원에는 이 외에도 다양한 발전방법이 있어.

태양광, 풍력, 바이오매스(p.76), **소수력**(p.63) 등의 **재생가능에너지**를 이용하는 것은 물론 **연료전지**(p.72)나 **가스터빈**(p.72) 등의 **발전기**를 사용하는 경우도 있다.

그러니까, 발전방법에 관계없이 **소규모 발전소**면 분산형 전원이라고 할 수 있는 거지? 또 재생가능에너지만이 분산형 전원이라고 단정할 수 없고.

그래. 맞아!
분산형 전원에는 아래와 같은 장단점이 있어.

분산형 전원

장점
① 송전손실을 줄일 수 있다.
② 계통의 단락 용량을 경감시킬수 있다.
③ 재생가능에너지를 도입하기 쉽다.

단점
① 대규모 발전에 비해 발전효율이 떨어지는 경우가 있다.
② 연료를 점재하는 설치장소로 운반할 필요가 있다.
③ 전원설비의 고장 시 보수시간 등의 대체안을 검토할 필요가 있다.

장·단점 모두가 이해가 돼.
음~ 정말 고민되는 일이야.

현재, 우리나라에서는 **분산형 전원**에 대하여 많은 관심을 갖고 있고 또한 지원도 하고 있어.
이런 배경에는 [**전력의 자유화**]의 흐름이 있다고 할 수 있어.

전력의 자유화…?
그건 도대체 뭐야?

2000년 12월 전력산업구조 개편 촉진에 관한 법률을 제정 및 경쟁체제 도입을 규정한 전기사업법이 제정되어 한전의 발전 부분이 화력 5개사, 원자력 1개사로 분할되었어(2001.4).

또, 분산형 전원의 도입을 촉진하기 위해 **규제의 완화**도 이루어지고 있지.
이제까지는 송전선을 각 지역의 전력회사만 독점하고 있었지만 지금은 다른 회사가 이용하는 것도 가능해졌지. 태양광발전의 공사에는 **국가**의 **지원**이 있기도 해.

호오~ 전력에 관한 사업도 **독점**이 아닌 **경쟁**이 되어버리는건가.
전력의 자유화가 진행되면 전력공급 사정도 조금씩 변화할지도 모르겠네.

그렇지….
현재는 발전은 발전회사가, 송전, 배전사업은 한국전력공사가 하고 있지만 장래에는 '송전과 배전을 별도의 회사가 운영한다.' 이렇게 되는 경우가 생길지도 몰라.
더불어서 발전사업과 송전사업을 나누는 것을 [**발·송전 분리**]라고 해.

'발·송전 분리'에 대해서는 '고품질로 안정가의 전력을 제대로 공급할 수 있을지' 등의 과제도 많아.
그렇기 때문에 간단하게 결론이 나지 않는 어려운 문제인 거지.

흐음. 어려운 문제이긴 하지만 변화가 계속 일어나고 있다는 것은 잘 알 것 같아.

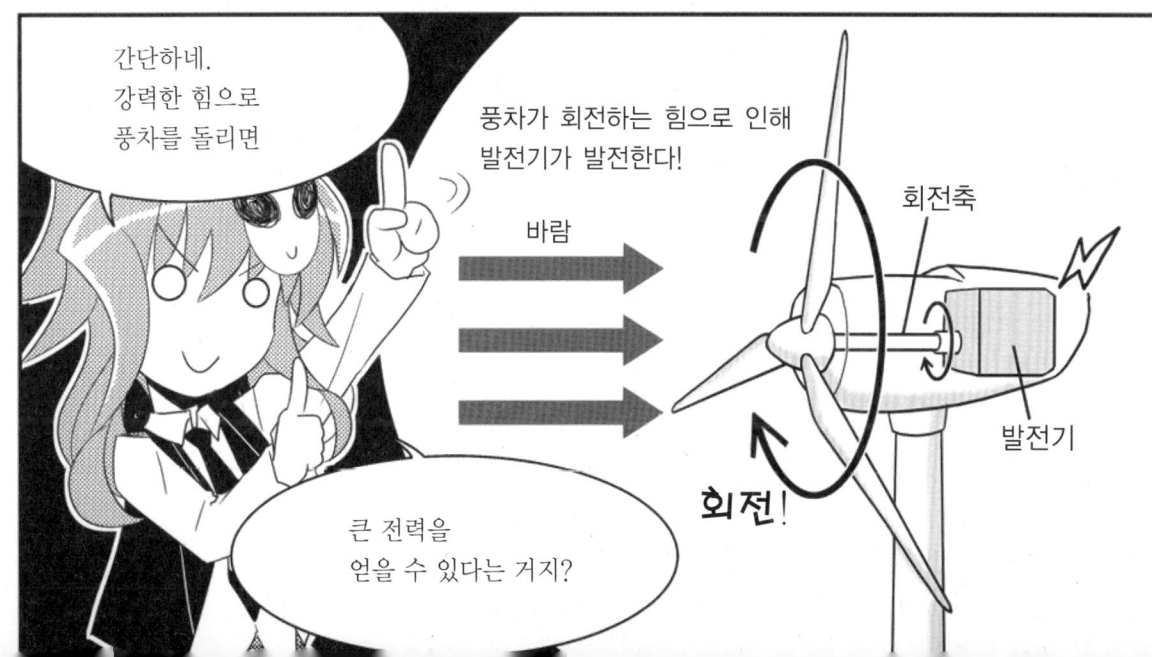

바람의 흐름(움직임)에 의해 생겨난 풍력에너지는 운동에너지라고 할 수 있다.
운동에너지의 공식에 의해 질량 m, 속도 V인 물질의 운동에너지는 $\frac{1}{2}mV^2$가 된다.

여기서 **수풍면적** $A[m^2]$의 풍차에 대해 생각해보자.
이 면적을 단위시간당 통과하는 **풍속** $V[m/s]$의 **풍력에너지** $P[W]$는
공기밀도를 $\rho[kg/m]$라 하면 아래와 같이 나타낸다.

1초간 수풍면적을 통과하는 바람의 질량 $m=\rho AV$라는 것이 포인트이다.

$$P = \frac{1}{2}mV^2 = \frac{1}{2}(\rho AV)V^2 = \frac{1}{2}\rho AV^3$$

P : 풍력에너지[W] ρ : 공기밀도[kg/m³]
A : 수풍면적[m²] V : 풍속[m/s]

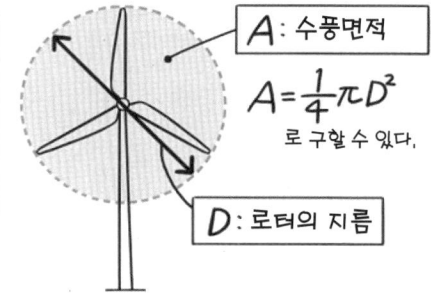

풍속이 2배가 되면 출력은 그 3승에 비례하기 때문에
출력(풍력에너지)은 8배의 크기가 된다.

⚡ 풍차의 종류

풍차는 크게 나누면 **'수평형'**과 **'수직형'**의 2가지로 분류할 수 있어. 아래의 그림처럼 '발전기를 돌리는 축이 도면에 대해 수평이냐 수직이냐'에 따라 달라져.

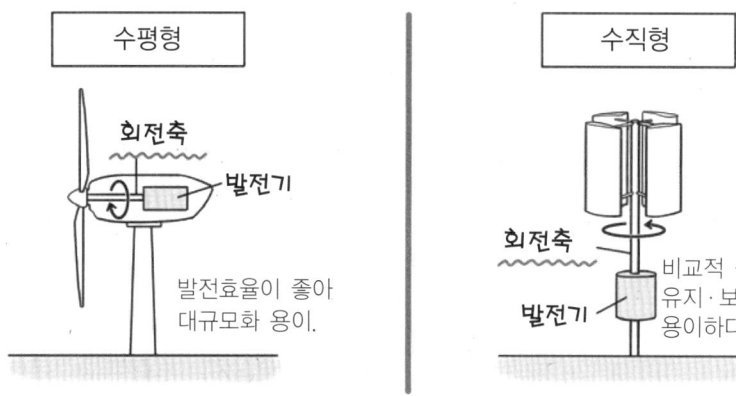

그리고 수평형 풍차와 수직형 풍차에 대해 몇 가지 설명하자면
풍력 발전에는 수평형 풍차의 **'프로펠러형'**이 주라고 할 수 있어.
하지만 의외로 상업시설이나 길가에서 수직형 풍차를 발견하기도 하지.

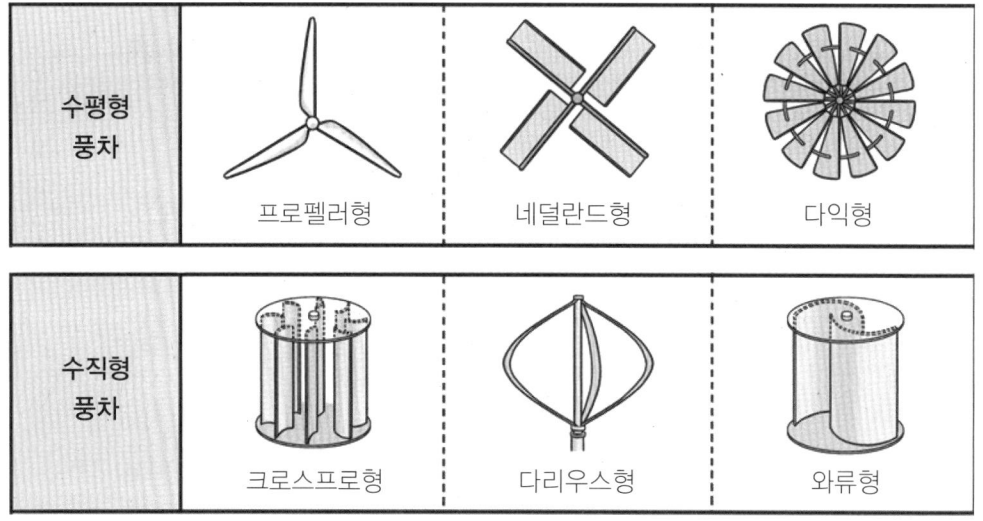

우와~ 다양한 형태들이 있구나.
작은 풍차면 주변 가까이에 있을지도 몰라!

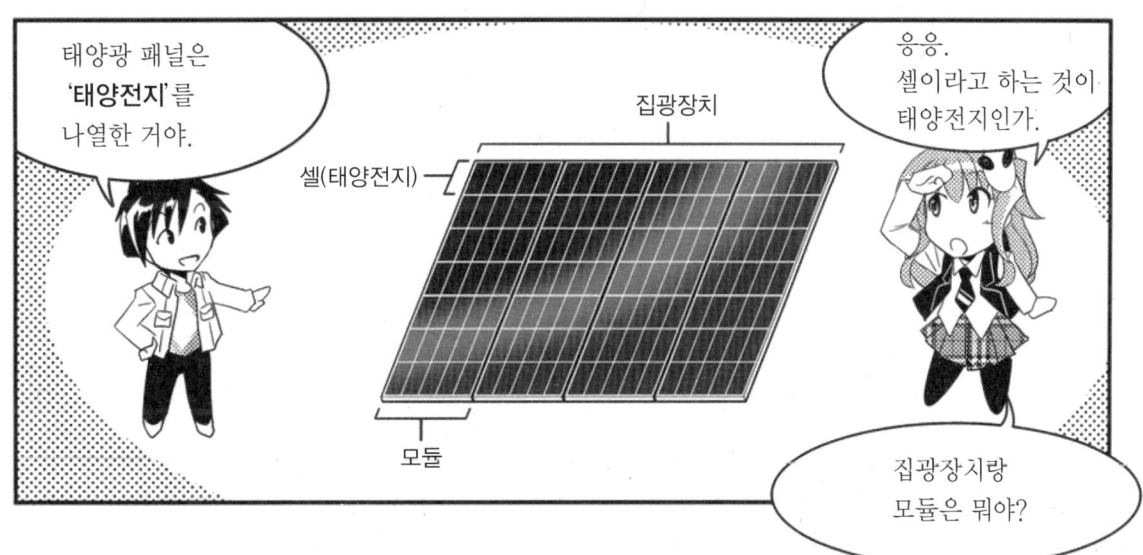

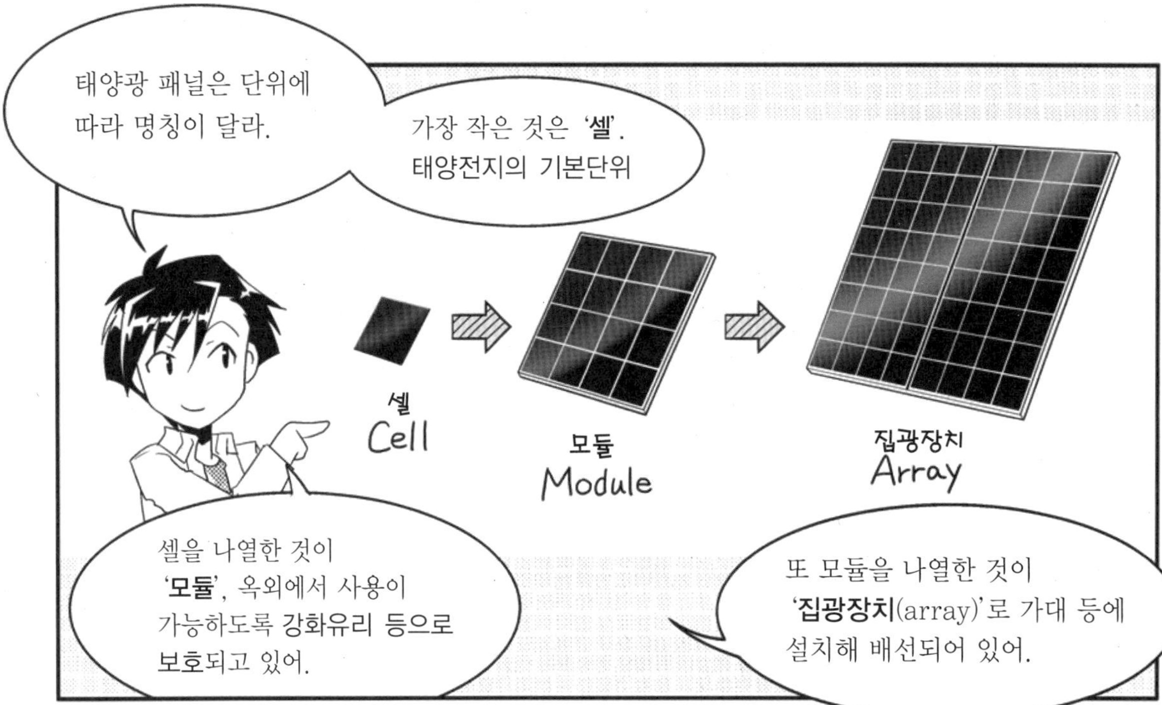

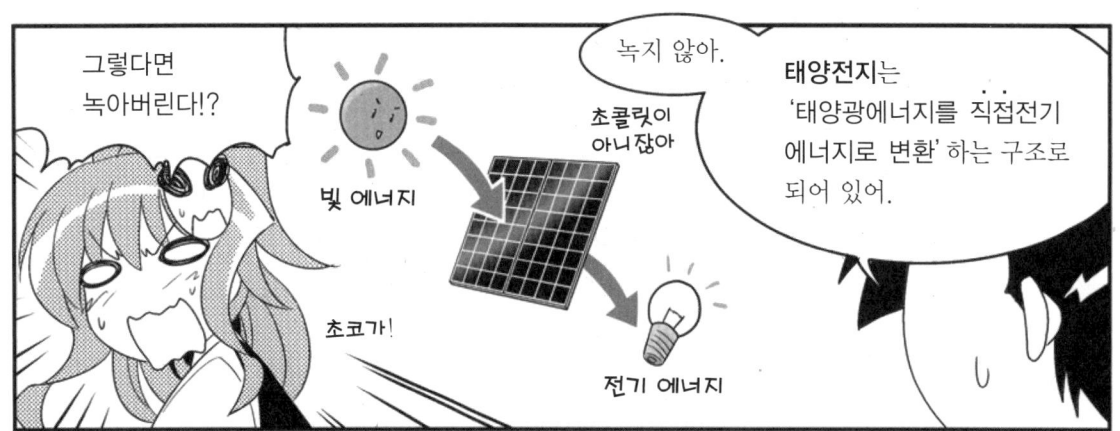

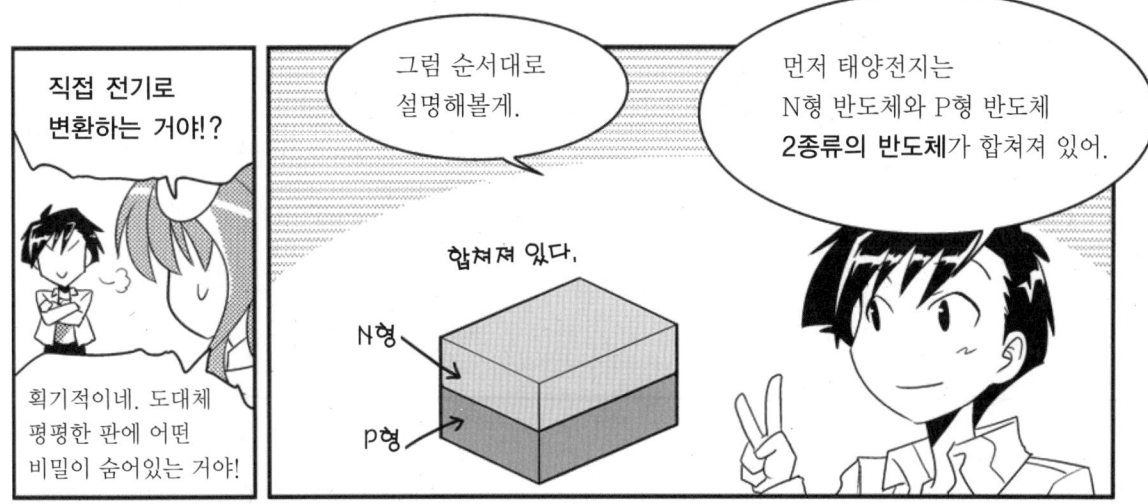

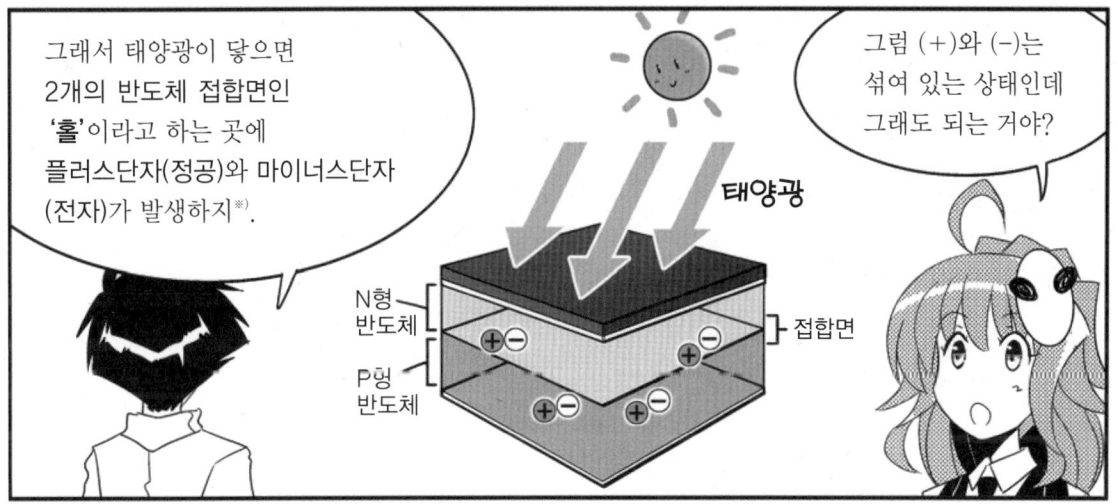

※광전효과라고 한다.

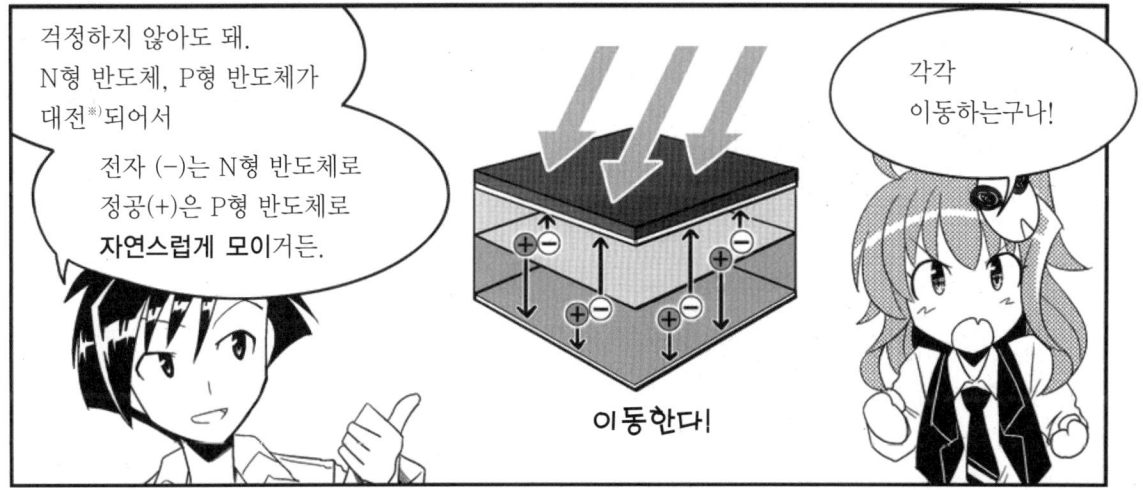

※대전이란 물체의 전기적인 극성이 플러스나 마이너스로 이동하여 전기를 띠는 현상이다.

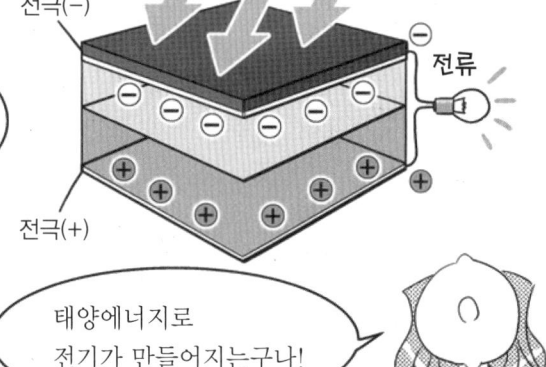

태양전지의 표면과 뒷면에서 (−)와 (+)가 생기고 여기서 전선을 연결하면···

N형 반도체의 전자(−)가 전선을 통해 P형 반도체로 이동함으로써 **전류가 흐르게** 되는 거야.

태양에너지로 전기가 만들어지는구나!

이때 발생하는 전기는 **직류**[※]지만 파워컨디셔너(전력변환장치)라는 기기로 **교류로 변환**하면 바로 가정에서 사용할 수 있어.

※직류 : 전류에 대한 상세한 설명은 P.211 참조

1 태양광 패널
2 파워 컨디셔너(전력변환장치) 인버터 전력변환장치의 일종
3 옥내분전반

흠··· 편리하네.

집 옥상에서 발전해서 집에서 바로 사용할 수 있다니!

그렇지. 그리고 마지막으로 알아두었으면 하는 것은 '태양광에너지'의 훌륭함이야.

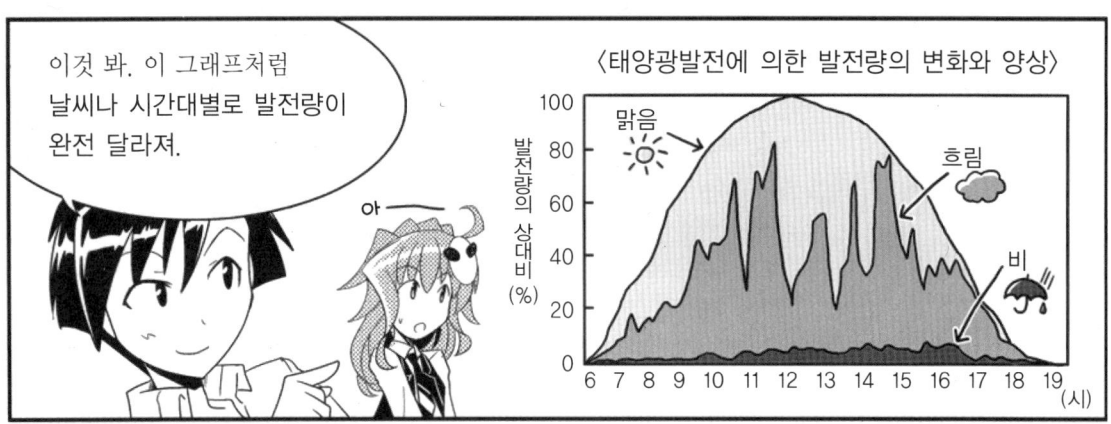

2차전지

납축전지, 유황전지(NaS 전지)
레독스 플로 전지

초전도

초전도저장장치(SMES)

기타

전기2중층 커패시터(EDLC)

※양수식 수력발전(p.57 참조)도 수력에너지를 저장해두는 것이라고 할 수 있다.

다양한 전력저장설비

그럼 다양한 전력저장설비를 소개할게.
전력저장장치의 구조가 다소 어렵고 모르는 언어들도 많을 거라는 생각도 들지만 '이런 것도 있구나.' 라는 정도만 알아두었으면 해
여기에서는 특징에 따라 분류해 두었어.

2차전지	납축전지, 나트륨유황전지(NaS 전지), 레독스 플로 전지

초전도	초전도저장장치(SMES)	기타	전기이중층 커패시터(EDLC)

먼저 [**납축전지**], [**나트륨유황전지**(NaS 전지)],
[**레독스 플로 전지**] 이렇게 3개가 있어.
이것을 [**2차전지**]라고 해.

2차전지란, 전기에너지를 축적할 수 있는 전력기기를 말해.
흔히 유전과 방전을 하여 반복 이용할 수 있다는 의미지.
전지에는 한 번 방전하면 재생되지 않는 '1차전지'와 재사용이 가능한 '2차전지'가 있어.

[**납축전지**]는 전극으로 이산화납을 이용한 2차전지이다.
자동차의 배터리나 비상용 전원설비를 중심으로 현재 가장 널리 사용되고 있는 2차전지라고 할 수 있다. (+)극은 이산화납, (−)극은 납, 전해액은 황산으로 되어 있다.
방전이 진행되면 물이 발생하기 때문에, 농도가 낮아지며 전해질이 묽은 황산이 된다.
가격이 싸고 구입이 쉽다는 특징이 있는 데 비하여 황산을 사용하는 것과 동결에 의한 파손의 위험이 있다는 단점이 있다.

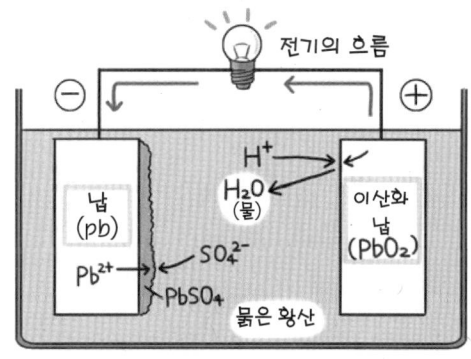

H^+ … 수소이온
SO_4^{2-} … 황산이온
Pb^{2+} … 납이온
$PbSO_4$ … 묽은황산(Ⅱ)

제5장 앞으로의 전력공급

[나트륨유황전지(NaS전지)]는 나트륨(Na)과 유황(S)을 이용한 2차전지이다.
(+)극에 용해된 유황, (-)극에 녹아 있는 금속 나트륨이온, 전해질에 나트륨이온, 전도성의 β-알루미늄이 이용된다.
300°C 정도의 고온으로 유지해야 할 필요가 있는 것부터 대용량 전력저장장치까지 보급되어 있다. 전해질이 고체이기 때문에 수명이 길다. 납축전지와 비교해서 에너지 밀도가 약 3배 높다는 것이 특징이다.
단, 고온의 유지와 가연성인 나트륨을 이용한다는 점에서 주의가 필요하다.

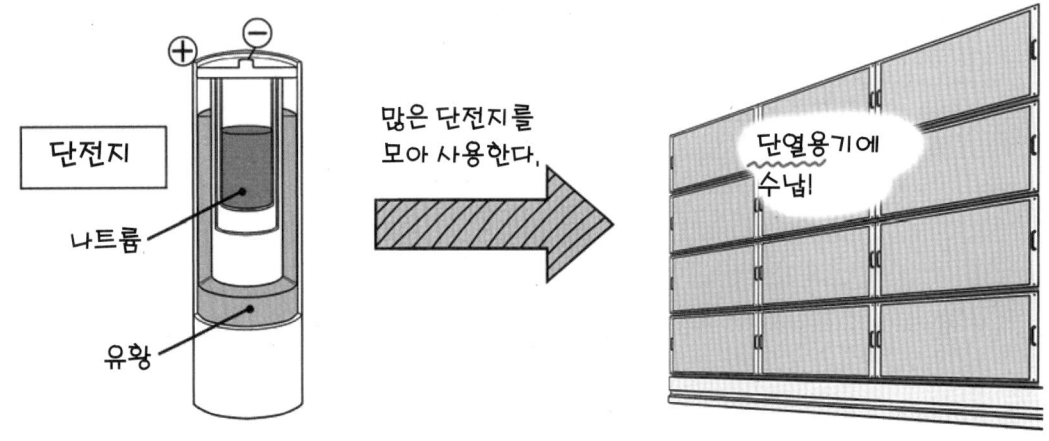

[레독스 플로 전지]는 바나듐을 이용한 2차전지로 사이클 수명이 1만 회 이상으로 긴 것이 특징이다. 산화환원반응(reduction-oxidation reaction)을 줄인 redox에서 명명되었다.
전해질로서 묽은 염산에 용해된 바나듐 용액이 이용되고 있다. 이 바나듐 용액의 산화환원반응에 의한 값의 변화로 충·방전을 할 수 있는 것이다.
또, 이 용액을 탱크에 저장해 두는 것으로 대용량의 전력저장이 가능하게 된다.
하지만 바나듐이 고가라는 것이 단점이다.

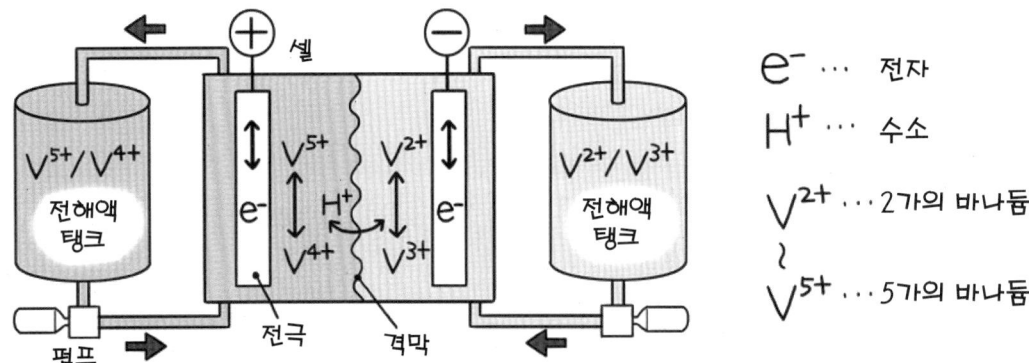

[초전도저장장치(SMES)]와 [전기이중층 커패시터(EDLC)]를 소개할게.
'초전도저장장치'는 그 이름 그대로 초전도의 원리를 응용하고 있어.
'전기이중층 커패시터'는 커패시터의 특징을 아주 잘 살린 것이라고 할 수 있지.

[초전도저장장치(SMES)]는 코일에 의한 초전도의 원리를 응용한 것이다.
초전도의 원리란 아래와 같다.
도체는 저항값을 갖고 있지만 극저온에 달하면 저항값이 0이 된다. 그곳에서의 도체를 코일상태로 하여 인덕턴스분을 보유해두고 전류를 흐르게 하면 전력을 저장할 수 있다.

전력저장장치로서 에너지효율이 높고, 화학변화를 동반하지 않기 때문에 수명이 길고 에너지의 취급이 고속으로 진행되는 등의 특징이 있다.
단, 냉각용 기기나 용기가 필요하다.
더불어 SMES는 'Superconductiog Magnetic Energy Storage'의 약어이다.

초전도 코일이라고 하는 큰 코일을 사용한다.

[전기이중층 커패시터(EDLC)]는 커패시터(콘덴서)의 특징을 활용하고 있다. 원리는 아래와 같다.
미래의 '커패시터(콘덴서)는 전극의 사이에 유전체가 존재하는데, 이 전극을 활성탄으로 하는 것으로 그 표면에 다수의 전하 배향을 생성시킬 수 있다.'

구조가 간단하고 화학변화를 동반해 수백만 회의 사이클 수명이 기대되는 것 등의 특징이 있지만 2차전지와 비교하면 에너지밀도는 낮다고 할 수 있다.
더불어 EDLC 란 'Electric Double Layer Capacitor'의 약자이다.

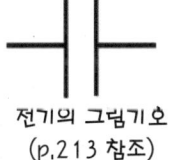

전기의 그림기호
(p.213 참조)

커패시터(콘덴서)는
2장의 금속판으로 되어 있는데, 거기서 응용되었다.

2. 마이크로 그리드 · 스마트 그리드

마이크로 그리드 · 스마트 그리드란?

먼저 [마이크로 그리드]에 대해 설명할게.
하지만 미나는 이미 알고 있을 거라고 생각해.

어? 방금 전에 처음으로 들어본 단어인데?
익숙한 단어가 아니야. 나는 아무것도 몰라! 겨, 결백해!!

제발 침착해. 오늘 **분산형 전원**에 대해 배웠잖아?
태양광, 풍력, 바이오매스, 소수력…. 그리고 연료전지나 가스터빈 등도 분산형 전원이었지?(p.177)

응. 그건 알고 있어. 이런 소규모 발전설비를 수요지 가까이에 분산하여 배치하면 편리할 것이라고 배웠던 것 같아.
지역밀착적인 전력공급이 가능하다는 장점이 있을 거야.

제대로 배웠네. 그게 바로 마이크로 그리드(소규모 전력망)의 사고방식이야.
좀 더 쉬운 문장으로 말하면 이렇게 되지.

> **마이크로 그리드**란 이 지역의 사정에 따른 전력공급이나 열공급을 하기 위해 소규모의 전력계통을 구성하여 태양광발전이나 풍력발전 등의 '**분산형 전원**'과 '부하(전력을 소비하는 것)'를 조합하는 것이다.

뭐야. 이건 오늘 배운거잖아.
비슷한 글자들로 되어 있어서 어렵다고 생각했는데 아니었네.

하지만 여기에 더 추가하고 싶은 점이 있어.
앞으로의 마이크로 그리드에 빼놓을 수 없는 것이 '**정보통신기술**'이야.
마이크로 그리드는 **정보통신기술**을 이용함으로써 최적의 감시운용을 행하도록 하는 것도 많아. IT 기술을 활용하여 전력공급의 운용이나 제어가 수월해지거든.

음. 제대로 지켜봐야겠네.
지역 내에서 전력수요 정보를 실시간으로 파악하여 감시운용을 하는구나.

제5장 앞으로의 전력공급

마이크로 그리드는 현재 '스마트 그리드'의 하나로 자리잡고 있어.
그럼 다음은 [**스마트 그리드**]에 대해 설명할게.

아, 그런데 말이지…
스마트 그리드는 '차세대 송전망', '차세대 전력망'이라고 하는데
정의도 많고 뭐라고 설명해야 좋을지… 음~ 그러니까….

승호~~!
잘 설명해줘~! 도대체 어떻게 된 거야?

그러니까… 이런 식으로 설명하게 되는 것도 다 스마트 그리드가 **꽤 넓은 개념의 용어**이기 때문이야.
스마트 그리드의 보편적 개념을 보면 아래와 같아.

> 스마트 그리드란, **공급사이드**와 **수요사이드**의 '에너지나 정보의 흐름'을 **양방향화**에 대응한 인프라 이노베이션을 나타낸 용어이다.
> ※인프라(인프라스트럭처 : Infrastructure)…산업이나 생활의 기반.
> 이노베이션(Innovation)…지금까지와는 달리, 새로운 큰 변화

오잉!??
확 와 닿지 않는데… 결국 어떤 의미야!?

간단하게 말하자면 '전력에 관한 새로운 시스템. **양방향**으로 편리한 시스템!'
이라는 뜻이랄까.
'전기를 공급하는 측'과 '전기를 공급받는 측'을 **상호 연계**하자는 거야.
지금까지와 같이 단순히 전기를 보내는 것뿐인 **일방통행**이 아니야.
이것은 거의 혁명적이라고 할 수 있어. 진정한 이노베이션!

호오. 지금까지와는 전혀 다른 혁명적이고 새로운 시스템이군.
두근두근거리기 시작하는데. 구체적으로는 어떤 것이 가능해?

스마트 그리드에 기대되는 역할은 매우 큰데, 구체적인 역할은 다음과 같아.

── 스마트 그리드의 다양한 역할 ──

① 제한된 전력설비를 유효하게 활용하기 위해 **피크시프트**(Peek shift)를 적용한다.
피크시프트란 전력소비가 최대가 되는 시간대를 관리하는 것이다.
하루 중 전력소비가 최대가 되는 때의 전력을 사용하지 않고 한밤중의 전력을 이용한다.
② 태양광발전, 풍력발전 등 **재생가능한 에너지**를 적극적으로 도입한다.
③ 가스엔진발전, 연료전지 등 **분산형 전원**의 도입을 촉진한다.
④ 전기자동차의 보급을 도모한다. 전기자동차 자체를 **전력저장장치**로서 활용한다.
⑤ 정전 시 초기복구화나 대체 전원을 확보하여 전력의 **공급신뢰도**를 유지한다.
⑥ 고효율 운전, 최적 운전에 의해 에너지를 유효하게 활용한다.

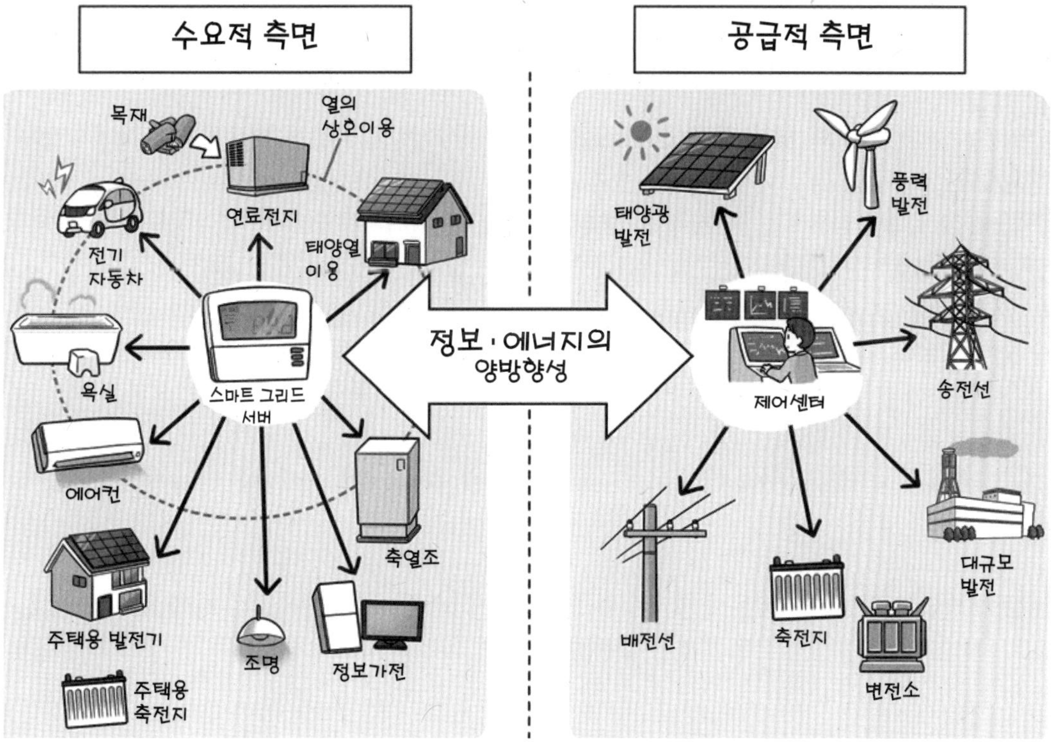

 우와~ 종류도 다양하고 역할도 많네. 한마디로 설명할 수 없는 이 많은 것이 다 스마트 그리드의 특징이라는 거구나!

플로 업

◆ 단독운전

　상용전원(전력회사 등)으로부터 분리되어 태양광발전 등의 발전설비(단독 또는 복수대수)만으로 선로부하에 전력을 공급하는 상태를 [**단독운전**]이라고 한다.

　계통연계되어 있는 상태(역조류, 매전되고 있는 상태)에서 낙뢰 등에 의한 사고로 인해 상용전원으로부터 분리되어 단독운전이 되어버리면, 아래와 같은 문제점이 발생한다.

> 1. 전력회사 등이 전기를 단절하고 있는 범위가 통전 상태가 되어버려 작업원 등의 **감전**이나 소방 활동에 장해가 발생한다.
> 2. 전력품질(주파수나 전압 등)의 저하로 인해 **기기가 손상**될 가능성이 있다.

　이와 같은 피해를 보지 않기 위해 단독운전상태를 신속하게 검출하여 발전설비를 정지시키는 것이 필요하다.
　단독운전의 검출방법으로는 [**수동적인 방법**]과 [**능동적인 방법**]이 있으며 이것들을 조합하는 것으로 검출 정도를 높이고 있다.

　[**수동적인 방법**]이란 단독운전이행 시의 전압 단상이나 주파수 등의 급변을 검출하는 방법이다. 고속성에 익숙해져 있지만, **불감대 영역**이 있으면 급격한 부하변동 등에 의해 불필요한 동작이 빈번하게 생기는 경우도 있다.
　더불어 불감대역이란 '단독운전이 발생해도 정정값의 범위 내에서 검출장치가 판별가능한 영역'이다.

　[**능동적 방법**]이란 상시전압이나 주파수의 변동(능동신호)을 주어 단독운전 시에도 Setting된 신호로 검출하는 방식이다. 불감대 영역은 없지만, 수동적 방식과 비교해 검출에 시간이 소요된다.

에필로그

부록 전기의 기본

 전기에 관련된 용어와 단위

전압 – 전기를 흐르는 힘
기호는 V, 단위는 [V](볼트)

전류 – 전기가 흐르는 양(1초 동안 흐르는 전기의 양)
기호는 I, 단위는 [A](암페어)

전력 – 전기의 크기(전기가 1초 동안 하는 일의 양)
기호는 P, 단위는 [W](와트)

저항 – 전기가 흐르기 어려운 정도
기호는 R, 단위는 [Ω](옴)

부하 – 다양한 가전제품이나 공장에서 사용하는 모터 등과 같이 전력을 소비하는 것

 전기에 관련된 중요한 공식

- 전력 P = 전압 V × 전류 I
- 옴의 법칙
  (전류는 전압에 비례하며 저항에 반비례한다.)

  전류 $I = \dfrac{\text{전압 } V}{\text{저항 } R}$

⚡ 직류와 교류

전기는 크게 2종류가 있다.
건전지의 전기는 '**직류**'이며 가정의 콘센트에 흐르는 전기는 '**교류**'이다.

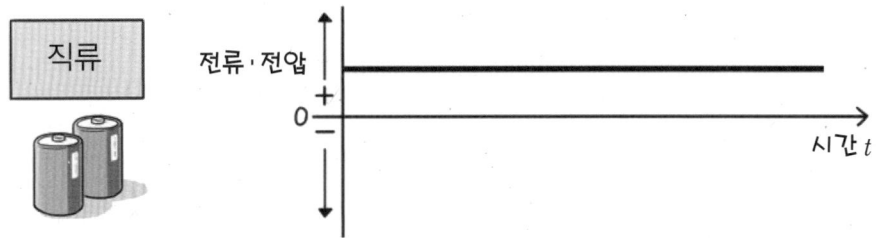

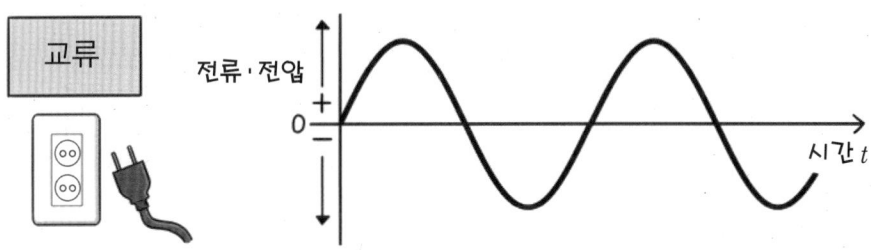

위 그림을 보자.
직류는 시간이 지나도 '전류·전압'의 크기가 일정하다.
교류는 시간이 지남에 따라 주기적으로 '전류·전압'의 **크기가 변한다**.

또, 위 그림과 같이 전기가 변화하는 형태를 그래프로 나타낸 것(전기신호의 형상)을 '**파형**'이라고 한다.

음~
콘센트의 전기는
[**교류**]라고 하고

교류는
구불구불한 파형이라는 것!
확실히 외웠어.

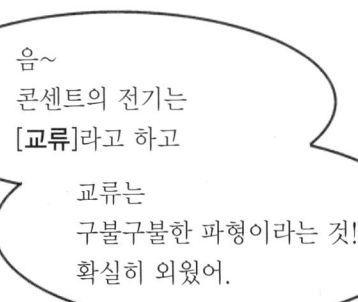

부록 전기의 기본 **211**

교류에 대해 새롭게 암기해 두어야 할 것이 있어! 바로 '주파수'와 '위상'이야.

주파수

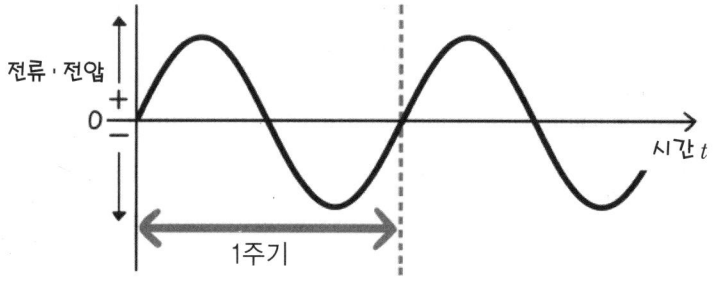

위 그림은 가정 콘센트의 교류 파형이다.
하나의 파를 '1주기'라고 하며, 1초 동안 이 파가 몇 회 반복되는가를 나타내는 수를 **주파수**라고 한다. 주파수의 단위는 **Hz**(헤르츠)이다.
우리나라 주파수는 60Hz이다.

위상

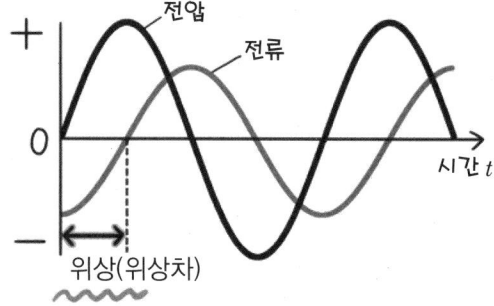

위 그림은, 교류의 '전류와 전압'의 파형을 겹쳐 놓은 것이다.
이렇게 전류와 전압의 **차이가 발생**하게 되는 경우가 있다.
이런 차이를 **위상**(위상차)라고 한다.

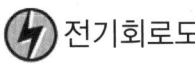 전기회로도

전기회로도란 전류가 흐르는 경로를 말한다.
그리고 전기회로도란 전기회로를 심플한 그림기호로 나타낸 것이다.

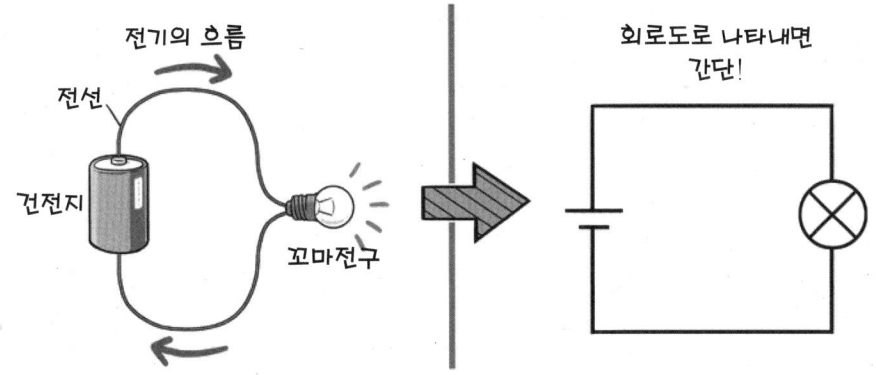

〈다양한 전기의 그림기호〉

직류전원	교류전원	저항
건전지 등. 플러스와 마이너스의 차이에 주의한다.	화력이나 수력발전소 등. 가정의 콘센트 등도 교류전원이다.	유효전력을 소비하는 부하는 저항이 된다.

전구	코일	콘덴서
꼬마전구(램프) 등. 전류를 흘려보내면 빛이 난다.	전선을 구불구불하게 감아 놓은 것.	2장의 금속판으로 되어 있다.

★코일과 콘덴서는 다음 페이지에 더 자세하게 설명하였다!

⚡ 코일과 콘덴서

코일과 콘덴서는 전기회로에서 쓰이는 역할이 다르다.
어떤 역할인지 생각해보면 좋을 것이다.

코일이란
모터 속에 있거나 수신기의 안테나부분에 있기도 하다.

또, 코일은
'발전기'나 '변압기' 안에 있으며
비상 시 중요한 역할을 한다.
전력분야에서는 '리액터' 라고도 한다.

콘덴서란
'커패시터' 라고도 한다.
전기에너지를 일시적으로 모아둘 수 있다.

전자회로의 다양한 부분에서 사용되고 전력의 낭비를 줄일 수 있기 때문에 유용하다.

 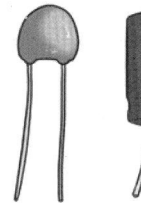 

코일은 전선을 빙글빙글 감아놓은 것인데 중요한 역할을 하는구나.

자세한 사항은 본편에서 설명할게. 여기에 실려 있는 기초지식은 중요하니까 외워둬.

참고문헌

 서적

- 早川義晴・中谷清司 共著
  『電験三種 やさしく学ぶ電力』オーム社（2011）

- 髙橋寛 監修　福田務・相原良典・大島輝夫 共著
  『絵ときでわかる 電気エネルギー』オーム社（2005）

- 家村道雄 監修　小口芳徳・植田良馬・髙澤博道・植地修也 共著
  『絵とき電験三種完全マスター 電力（改訂2版）』オーム社（2003）

- 新井信夫・飯田芳一・早苗勝重 共著
  『電験三種徹底演習 電力』オーム社（2013）

- 不動弘幸 著
  『電験三種 完全攻略 改訂第4版』オーム社（2012）

- 榎本聰明 著
  『原子力発電がよくわかる本』オーム社（2009）

- 田中賢一 著　松下マイ 作画
  『マンガでわかる電気数学』オーム社（2011）

- 奈良宏一 編著
  『電力自由化と系統技術 新ビジネスと電気エネルギー供給の将来』電気学会（2008）

- 長谷川淳・大山力・三谷康範・斉藤浩海・北裕幸
  『電気学会大学講座 電力系統工学』電気学会（2002）

- 福田務 著
  『しくみ図解シリーズ 発電・送電・配電が一番わかる』技術評論社（2010）

- 谷腰欣司 監修
  『史上最強カラー図解 プロが教える電気のすべてがわかる本』ナツメ社（2009）

- 福田務 監修
  『最新図解 電気の基本としくみがよくわかる本』ナツメ社（2011）

- 藤瀧和弘 監修　土屋多摩 作画
  『マンガでそこそこわかる 第2種電気工事士筆記＋技能入門』電波新聞社（2012）

- 三好正二 著
  『基礎テキスト 電気・電子計測』東京電機大学出版局（1995）

- 相澤善吾 藤森礼一郎 著
  『火力発電カギのカギ』日本電気協会新聞部（2009）

web 사이트(2013년 10월 기준)

- 호쿠리쿠전력
  http://www.rikuden.co.jp/

- 도호쿠전력
  http://www.tohoku-epco.co.jp/

- 도쿄전력
  http://www.tepco.co.jp/

- 간사이전력
  http://www.kepco.co.jp/

- 츄부전력
  http://www.chuden.co.jp/

- 주고쿠전력
  http://www.energia.co.jp/

- 시코쿠전력
  http://www.yonden.co.jp/

- 일본전기기술자협회 음성지원 전기기술해설강좌
  http://www.jeea.or.jp/course/

- 전기사업연합회
  http://www.fepc.or.jp/

- 현재 기술을 잘 알 수 있는 테크노매거진 테크매거
  http://www.tdk.co.jp/techmag/

- 경제산업소 자원에너지청
  http://www.enecho.meti.go.jp/

- 간토전기보안협회
  http://www.kdh.or.jp/

- 간사이전기보안협회
  http://www.ksdh.or.jp/

찾아보기

숫자·영문·기호

1차측 · 119
1차 변전소 · 120
1차 에너지 · 17
2차측 · 119
2차전지 · 191
2차 에너지 · 17
3상 3선식 · 142
3상 4선식 · 141, 144
3상 교류 · 38, 39
3상 교류발전기 · 51
3상 동기발전기 · · · · · · · · · · · · · · · · · · · 39, 51
3조의 코일 · 51
CV 케이블 · 102
HVDC · 124
LNG · 74
LNG 화력발전 · 91
NIMBY · 126
V 결선 · 143
Y 결선 · 143
△ 결선 · 143

ㄱ

가공송전 · 98, 101
가공지선 · · · · · · · · · · · · · · · 98, 99, 107, 112
가스터빈 · 68,72
가스터빈발전 · 68
가압수형 원자로 · 84
가채연수 · 25
감속재 · 87, 88
감전 · 198
강심 알루미늄 연선 · · · · · · · · · · · · · · · · · 100
강압변압기 · 164

갤러핑 현상 · 108
결선방법 · 142
경수 · 87
경수로 · 84
경쟁원리 · 178
계통급전소 · 44
계통연계 · 124
계통운용 · 44
고압배전 · · · · · · · · · · · · · · · · · · 145, 146, 148
고압선 · 133, 146
고주파 · 34
공급신뢰도 · 197
공급전압 · 34
공핍층 · 185
교류 · 30, 38
규제의 완화 · 178
기력 · 67
기력발전 · 67, 68
기초공급력 · 74

ㄴ

나트륨유황전지(NaS 전지) · · · · · · · · · · · 192
낙뢰 · 198
난착설링 · 109, 112
납축전지 · 191
내연기관 · 70
내연력 발전 · 70
내염애자 · 110, 111
냉각수(해수) · 66
냉각재 · 87
냉각재라는 이름의 경수(보통 물) · · · · · · · 87
네덜란드형 · 182
뇌해대책 · 105

누전브레이커 · 153
누전차단기 · 153, 154
능동적 방식 · 198
님비 · 126

ㄷ

다리우스형 · 182
다익형 · 182
다축형 · 69
단독운전 · 198
단독운전 검출방법 · 198
단로 · 108
단로기 · 118
단상 2선식 · · · · · · · · · · · · · · · · · · · 135, 136, 159
단상 3선식 · · · · · · · · · · · · · · · · · · · 135, 137, 159
단상 교류 · 38, 39
단상 교류발전기 · 50
대기전력 · 29
대지 · 107
댐수로식 · 62
댐식 · 62
동기 · 51
동기발전기 · 51
동력 · 144, 147
동력용 · 140
디젤엔진, 가스엔진 · · · · · · · · · · · · · · · · · · 70, 71

ㄹ

레귤러 네트워크식 · 149
레독스 플로 전지 · 192

ㅁ

마이크로 가스엔진 · 72
마이크로 가스터빈 · 72
마이크로 그리드 · 195
모듈 · 184
모터 · 33
미끄럼방지 댐퍼 · · · · · · · · · · · · · · · · · · · 109, 112

ㅂ

바나듐 용액 · 192
바이오매스발전 · 76
발송전 분리 · 178
발수성 도료의 사용 · · · · · · · · · · · · · · · · · 111, 112
발전 · 10, 46, 49
발전·변전·송전·배전 · 41
발전·송전·배전 · 40
발전기 · 47
발전방식 · 55
발전비용 · 80
발전소 · 10, 118
방사선식 · 148
배기 · 71
배선용 차단기 · 153
배전 · 10, 132
배전용 변전소 · 120
베스트 믹스 · 92
베스트 믹스 시대 · 77
변압기 · 10, 118
변전 · 40, 95
변전소 · 10
복수기 · 66
부하 · 210
분기회로 · 156
분기회로용 차단기 · · · · · · · · · · · · · · · · · · 153, 155
분산형 전원 · · · · · · · · · · · · · · · · · · · 176, 177, 197
분전반 · 150
불감대영역 · 198
비등수형 원자로 · 84
빙설하중 · 115

ㅅ

산화환원반응 · 192
석유화력 · 74
석탄화력 · 74
설치기기의 은폐화 · · · · · · · · · · · · · · · · · · 111, 112
설치장소의 변경 · 111, 112

셀	184
소비전력	21
소수력발전	63
소에너지	28
손실낙차	59
송전	10, 94, 95
송전로스	97
송전손실	97
수동적 방식	198
수력발전	48, 52
수력발전소	91
수로식	62
수요계획	44
수주화종	77
수직형	182
수직형 풍차	182
수차	49
수평형	182
수평형 풍차	182
스마트 그리드	196
스마트 미터	170
스페이시	109, 112
스폿 네트워크식	149
슬리트 점프현상	108

ㅇ

아라고의 원판	168, 169
아크 혼	106, 112
암페어 브레이커	153
압축	71
압축기	68
애자	98
애자 세척 실시	111, 112
애자절연강화	110, 112
액화천연가스	74
양수식	57
에너지	14
에너지 자원	17, 24

에너지의 변환효율	53
에너지의 유효이용	197
연료	74
연료봉	84, 85
연료전지	72
연료집합체	85
연소	71
연소실	68
연쇄반응	83
열에너지	65
염해대책	110
옥내배선	150
옥내분전반	186
와류형	182
외연기관	70
우라늄	85
우라늄 235	82, 83
우라늄 238	82
운동에너지	65
원자	81
원자력발전	48, 79
원지력발전소	91
원자로	84
원자핵	81, 82
위상	212
위치에너지	53
유도형 전력량계	168
유입식	56
유효낙차	59
융설나선	109, 112
이노베이션	196
이도	113
이도 D	127
이산화탄소의 배출량	54
인입선	133, 150
인프라	196
일부하곡선	21, 73
일축형	69

임계	83
입구	119

ㅈ

자석	47
자여식	124
장간애자	110
재생가능에너지	24, 177, 197
저수지식	56
저압동력선	133, 147
저압배전	145, 146, 147
저압선	146
저압전등선	133, 147
저항	210
전기에너지	15, 65
전기에너지의 소비	19
전기이중층 커패시터(EDLC)	191, 193
전기회로도	213
전등	144, 147
전등용	140
전력	210
전력네트워크	36
전력량계	150, 152, 168
전력량의 예측	23
전력시스템	40
전력융통	36
전력의 자유화	178
전력저장설비	189
전력저장장치	197
전력케이블	102
전력품질	31, 33
전력품질의 사고방식	34
전류	210
전류제한기	153
전선의 실제길이 L	127
전압	30, 210
전압선	153, 159
전압 플리커	34

전용회로	157
전원의 다양화	92
전자식 전력량계	170
절연전선	117
접지(어스)	107, 138
접지공사	107, 112
접지측 전선	138, 153
정보통신기술	195
정전	34
제1종 접지공사	139
제2종 접지공사	139
제3종 접지공사	139
제어봉	84, 86
제어소	44
조정지식	56
주상변압기	132, 133
주파수	30, 32, 34, 212
줄열	97
중간 공급력	74
중간 배전소	120
중성선	138, 153, 159
중성자	81, 82
중앙급전지령소	44
증기터빈	68
지락	106
지방급전소	44
지열발전	77
지중송전	98, 101
지중송전선	102
직류	211
직류송전	124
집광장치(array)	184
집중형 전원	176

ㅊ

차단기	118
차세대 발전시스템	72
착설대책	108

초고압 변전소 · 120
초전도 · 191
초전도저장장치(SMES) · 193
총낙차 · 59
최고공급력 · 74
출구 · 119

ㅋ

카플란 수차 · 61
코일 · · · · · · · · · · · · · · · · · · 48, 136, 193, 214
코제너레이션 · 71
콘덴서 · 214
콘센트 · 150, 158
콘센트의 형상 · 160
콤바인드 사이클발전 · 69
크로스프로형 · 182

ㅌ

타여식 전력변환설비 · 124
태양광발전 · 182
태양광 패널 · 182, 186
태양진지 · 182, 184
터빈 · 48, 68
특고압배전 · · · · · · · · · · · · · · · · · · · 145, 146, 149
특별제3종 접지공사 · 139

ㅍ

파력발전 · 63
파워컨디셔너(전력교환장치) · · · · · · · · · · · · · · · 186
파형의 수 · 39
펠릿 · 83, 85
펠톤수차 · 61
폐기물발전 · 76
풍력발전 · 179
풍력에너지 · 180
풍압하중 · 115
프란시스 수차 · 61
프로펠러형 · 182
피뢰기 · 106, 112, 118
피크 시프트 · 197

ㅎ

해양온도차발전 · 63
핵분열 · 82
핵분열에너지 · 79
화력발전 · · · · · · · · · · · · · · · · · 16, 48, 65, 75, 79
화주수종 · 77
화학에너지 · 16, 65, 79
환상선식 · 148
흡기 · 71

〈저자약력〉

후지타 고로

1970년 도쿄 출생
1997년 호세이대학 공학연구과 전기공학전공 박사과정 수료
같은 해 도쿄도립대학 공학연구과 연구생
1998년 시바우라공업대학 재직
현재, 공학부 전기전자학군 전기공학과 교수, 전력시스템 연구실 주재
박사(공학), 기술사(전기전자부문), 제1종 전기주임기술자

〈집필협력〉 전력시스템 연구실 소속 학생

이시카와 코지로	가네코 나오키
오노 켄토	코시카와 히로후미
카사이 유우히	소우토메 켄지
카소리 아키히코	후지하시 타츠로
카타오카 히사유키	호시노 토모히로
카토 슌이치	

제작 : office sawa
  2006년 설립. 의료, 컴퓨터, 교육계의 실용서나 광고 다수 제작. 일러스트나 만화를 이용한 매뉴얼, 참고서, 판촉물 등을 전문으로 한다.

시나리오 : 사와다 사와코

그림 : 토나기 다카시

만화로 쉽게 배우는 시리즈

만화로 쉽게 배우는 **유체역학**

다케이 마사히로 지음
김영탁 번역
200쪽 / 18,000원

만화로 쉽게 배우는 **재료역학**

스에마스 히로시, 나가시마 토시오 지음
김순채 감역 / 김소라 번역
240쪽 / 18,000원

만화로 쉽게 배우는 **토질역학**

카노 요스케 지음
권유동 감역 / 김영진 번역
284쪽 / 18,000원

만화로 쉽게 배우는 **콘크리트**

이시다 테츠야 지음
박정식 감역 / 김소라 번역
190쪽 / 18,000원

만화로 쉽게 배우는 **측량학**

쿠리하라 노리히코, 사토 야스오 지음
임진근 감역 / 이종원 번역
188쪽 / 18,000원

만화로 쉽게 배우는 **전기수학**

다나카 켄이치 지음
이태룡 감역 / 김소라 번역
268쪽 / 18,000원

만화로 쉽게 배우는 **전기**

소노다 마사루 지음
주홍렬 감역 / 홍희정 번역
224쪽 / 18,000원

만화로 쉽게 배우는 **전기회로**

이이다 요시카즈 지음
손진근 감역 / 양나경 번역
240쪽 / 18,000원

만화로 쉽게 배우는 **전자회로**

다나카 켄이치 지음
손진근 감역 / 이도희 번역
184쪽 / 18,000원

만화로 쉽게 배우는 **전자기학**

엔도 마사모리 지음
신익호 감역 / 김소라 번역
264쪽 / 18,000원

만화로 쉽게 배우는 **발전·송배전**

후지타 고로 지음
오철균 감역 / 신미성 번역
232쪽 / 18,000원

만화로 쉽게 배우는 **전기설비**

이가라시 히로카즈 지음
이상경 감역 / 고운채 번역
200쪽 / 18,000원

만화로 쉽게 배우는 **시퀀스 제어**

후지타키 카즈히로 지음
김원회 감역 / 이도희 번역
212쪽 / 18,000원

만화로 쉽게 배우는 **모터**

모리모토 마사유키 지음
신미성 번역
200쪽 / 18,000원

만화로 쉽게 배우는 **디지털 회로**

아마노 히데하루 지음
신미성 번역
224쪽 / 18,000원

만화로 쉽게 배우는 **전지**

후지타키 카즈히로, 사토 유이치 지음
김광호 감역 / 김필호 번역
200쪽 / 18,000원

※정가는 변동될 수 있습니다.

만화로 쉽게 배우는 발전·송배전
원제: マンガでわかる 発電・送配電

2014. 6. 20. 초 판 1쇄 발행
2015. 9. 10. 초 판 2쇄 발행
2017. 12. 6. 초 판 3쇄 발행
2020. 8. 7. 초 판 4쇄 발행
2026. 1. 7. 초 판 5쇄 발행

지은이 | 후지타 고로
그 림 | 토나기 다카시
감 역 | 오철균
역 자 | 신미성
제 작 | Office sawa
펴낸이 | 이종춘
펴낸곳 | BM (주)도서출판 성안당

주소 | 04032 서울시 마포구 양화로 127 첨단빌딩 3층(출판기획 R&D 센터)
10881 경기도 파주시 문발로 112 파주 출판 문화도시(제작 및 물류)
전화 | 02) 3142-0036
031) 950-6300
팩스 | 031) 955-0510
등록 | 1973. 2. 1. 제406-2005-000046호
출판사 홈페이지 | www.cyber.co.kr
ISBN | 978-89-315-8989-4 (17420)
정가 | 18,000원

이 책을 만든 사람들
진행 | 김해영
전산편집 | 김인환
표지 디자인 | 박원석
홍보 | 김계향, 임진성, 김주승, 최정민
국제부 | 이선민, 조혜란
마케팅 | 구본철, 차정욱, 오영일, 나진호, 강호묵
마케팅 지원 | 장상범
제작 | 김유석

www.cyber.co.kr
성안당 Web 사이트

이 책은 Ohmsha와 BM (주)도서출판 성안당의 저작권 협약에 의해 공동 출판된 서적으로, BM (주)도서출판 성안당 발행인의 서면 동의 없이는 이 책의 어느 부분도 재제본하거나 재생 시스템을 사용한 복제, 보관, 전기적·기계적 복사, DTP의 도움, 녹음 또는 향후 개발될 어떠한 복제 매체를 통해서도 전용할 수 없습니다.

■ 도서 A/S 안내

성안당에서 발행하는 모든 도서는 저자와 출판사, 그리고 독자가 함께 만들어 나갑니다.
좋은 책을 펴내기 위해 많은 노력을 기울이고 있습니다. 혹시라도 내용상의 오류나 오탈자 등이 발견되면 **"좋은 책은 나라의 보배"**로서 우리 모두가 함께 만들어 간다는 마음으로 연락주시기 바랍니다. 수정 보완하여 더 나은 책이 되도록 최선을 다하겠습니다.
성안당은 늘 독자 여러분들의 소중한 의견을 기다리고 있습니다. 좋은 의견을 보내주시는 분께는 성안당 쇼핑몰의 포인트(3,000포인트)를 적립해 드립니다.
잘못 만들어진 책이나 부록 등이 파손된 경우에는 교환해 드립니다.